职业院校机电设备安装与维修专业规划教材

电力拖动控制线路安装与检修

主　编　孙同波
副主编　李德信　付　冬
参　编　肖　鹏　尹丹君　樊海洋
　　　　赵淑勋　吴　曼　崔建鑫
主　审　黄贵波

机械工业出版社

本书采用任务驱动模式，根据企业生产实际设置了11个学习任务。对于每一个学习任务均按照明确工作任务、学习相关知识、制订工作计划、任务实施和总结评价五个环节进行了系统讲解，让学生能够围绕引导问题主动思考，多动脑，多动手，实现理论与实践的零对接。本书主要包括：砂轮机手动控制电路、小型立式钻床点动正转控制电路、通风机接触器自锁正转控制电路、镗床主轴点动与连续运行控制电路、起重机正反转控制电路、卧式铣镗床自动往返控制电路、传送带运输机顺序控制电路、车床主轴两地控制电路、水泵起动控制电路、起重机断电电磁制动控制电路和单相异步电动机正反转控制电路的安装与检修。

本书可作为技工院校、职业院校机电设备安装与维修专业高技能型人才培养的教学用书，也可供相关人员参考和使用。

图书在版编目（CIP）数据

电力拖动控制线路安装与检修/孙同波主编. —北京：机械工业出版社，2014.7（2025.10重印）

职业院校机电设备安装与维修专业规划教材

ISBN 978-7-111-46801-1

Ⅰ.①电⋯ Ⅱ.①孙⋯ Ⅲ.①电力传动-控制电路-高等职业教育-教材 Ⅳ.①TM921.5

中国版本图书馆 CIP 数据核字（2014）第 127450 号

机械工业出版社（北京市百万庄大街22号 邮政编码100037）
策划编辑：陈玉芝 责任编辑：陈玉芝
版式设计：赵颖喆 责任校对：刘秀芝
封面设计：张 静 责任印制：郜 敏
河北虎彩印刷有限公司印刷
2025年10月第1版第7次印刷
184mm×260mm·10.5印张·251千字
标准书号：ISBN 978-7-111-46801-1
定价：39.80元

电话服务 网络服务
客服电话：010-88361066 机 工 官 网：www.cmpbook.com
　　　　　010-88379833 机 工 官 博：weibo.com/cmp1952
　　　　　010-68326294 金 书 网：www.golden-book.com
封底无防伪标均为盗版 机工教育服务网：www.cmpedu.com

编审委员会

主　任　王　臣　孙同波
副主任　盖贤君　张振明　柳力新　于新秋　于洪君
委　员　任开朗　刘万波　周培华　王　峰　李德信
　　　　　王凤伟　张清艳　张文香　李淑娟　孟莉莉
　　　　　李伟华　于广利

前　言

　　为满足技工院校培养高技能型人才的需要，更好地适用一体化教学改革，我们编写了本教材。本教材编写时结合企业岗位的实际需求，以能力为本位，以就业为导向，以职业实践为主线，突出实践技能训练，提高学生的综合素质。本教材的编写突破了以往教材的编写结构，以任务驱动的教学模式为导向，但又不失传统教材结构的严谨性和知识的完整性。

　　本教材针对职业院校机电一体化专业传统教学模式进行了大胆尝试，引用大量生产第一线的典型工作，并将其转化成课程内容。一项典型工作可以通过若干具有代表性的工作任务来实施和完成，再把具有代表性的工作任务转化为学习任务，围绕各个学习任务展开知识点的学习和技能点的训练。每个引导问题都紧扣知识重点，并设计出具体的实践项目，将岗位工作能力按照项目教学要求进行综合实训，让学生能够围绕引导问题主动思考，多动脑，多动手，实现理论与实践的零对接。全书内容丰富，深入浅出，结构严谨、清晰，突出了教学的可操作性。本教材的创新主要体现在：

　　1. 在内容编排上以任务引领编写，教材中将每一个学习任务的内容设置成若干个学习活动，每一个学习活动都有明确的学习目标。针对具体的学习目标展开相关知识学习与技能训练，并结合实际增设了知识拓展，通过任务学习把理论与实践有机地结合起来。在每一个学习活动中设立学习评价，促进学生学习。

　　2. 引导问题由浅到深逐渐提出，让学生能积极去思考问题、分析问题和解决问题，从而降低学习难度，提高学生的学习兴趣。

　　3. 体现以技能训练为主线，相关知识为支撑的编写思路，较好地处理了理论教学与技能训练的关系，有利于帮助学生掌握知识、练就技能、提高能力。

　　4. 突出教材的先进性，较多地编入新技术、新设备、新材料、新工艺的内容，缩短学校教育与企业岗位能力需要的距离，更好地满足企业用人的需求。

　　本书由孙同波任主编，李德信、付冬任副主编，参加编写的还有肖鹏、尹丹君、樊海洋、赵淑勋、吴曼和崔建鑫。本书由黄贵波任主审。

　　由于编写时间和编者水平所限，书中难免存在不足之处，敬请广大读者批评指正。

编者

目 录

前言

学习任务一　砂轮机手动控制电路的安装与检修　1

学习任务二　小型立式钻床点动正转控制电路的安装与检修　26

学习任务三　通风机接触器自锁正转控制电路的安装与检修　52

学习任务四　镗床主轴点动与连续运行控制电路的安装与检修　66

学习任务五　起重机正反转控制电路的安装与检修　75

学习任务六　卧式铣镗床自动往返控制电路的安装与检修　86

学习任务七　传送带运输机顺序控制电路的安装与检修　97

学习任务八　车床主轴两地控制电路的安装与检修　106

学习任务九　水泵起动控制电路的安装与检修　114

学习任务十　起重机断电电磁制动控制电路的安装与检修　135

学习任务十一　单相异步电动机正反转控制电路安装与检修　151

学习任务一

砂轮机手动控制电路的安装与检修

学习目标：

1. 能通过阅读工作任务联系单和现场勘察，明确任务要求。
2. 能掌握砂轮机的结构组成、运动形式、控制原理和主要用途。
3. 能认识熔断器、负荷开关、断路器等低压电器的外观、结构、图形符号、文字符号，识读原理图，绘制安装图、接线图。
4. 能识别和选用元器件，按图样、工艺要求、安全规程，安装元器件，连接电路。
5. 能用仪表检测电路安装的正确性，按照安全操作规程通电试运行，然后按照要求清理施工现场，标注控制功能的铭牌标签。

工作情景描述：

在机械生产企业的机加车间或其他企业的机修车间，一般都设有砂轮机房或安装单台砂轮机，用于磨削刀具或工件。某机械生产企业砂轮机房的一台砂轮机，由于长期使用而造成电气控制电路及器材老化，现需要对其控制电路进行重新安装，电工班接受此任务并在规定期限内完成安装，并交付有关人员验收。

学习活动一　明确工作任务

<u>　　　　　　</u>公司维修工作任务联系单

报修部门		报修时间		年　月　日　时
设备名称		设备型号/编号		/
报修人		联系电话		
故障现象				
故障排除记录				
解决方法				
维修时间		计划工时		
维修人		日期		年　月　日　时

阅读工作任务联系单，查阅砂轮机的相关资料，回答下列问题：
1）砂轮机主要由哪几部分构成？各部分的作用是什么？
2）砂轮机的用途是什么？怎样运行？
3）砂轮机常见故障原因是什么？怎样修复？

学习活动二　学习相关知识

◆ 引导问题

1）什么是低压电器？本次任务要用到的低压电器有哪些？
2）低压熔断器的作用是什么？在电路中怎样表示？常见的熔断器有哪些？如何选用？型号如何表示？
3）开启式负荷开关的作用是什么？在电路中怎样表示？如何选用？型号如何表示？
4）封闭式负荷开关的作用是什么？在电路中怎样表示？如何选用？型号如何表示？
5）组合开关的作用是什么？在电路中怎样表示？如何选用？型号如何表示？
6）低压断路器由哪几部分组成？各组成部分的作用是什么？在电路中怎样表示？常见的断路器有哪些？如何选用？型号如何表示？
7）绘制砂轮机电路的工作原理图，并说明绘图原则，然后分析其工作原理。
8）绘制砂轮机电器布置图，并说明绘图原则。
9）绘制砂轮机电气安装接线图，并说明绘图原则。

◆ 咨询资料

一、砂轮机的结构

砂轮机（见图1-1）主要由基座、砂轮、电动机或其他动力源、托架、防护罩和给水器组成，砂轮设置于基座的顶部，基座内部具有可供放置动力源的空间，动力源通过减速器将动力传递给砂轮，减速器有一个穿出基座侧面的传动轴可供固定砂轮，基座对应砂轮的底部位置具有一个凹陷的集水区，集水区向外延伸一流道，给水器设置于砂轮一侧上方，给水器内具有一个盛装水液的空间，且给水器对应砂轮的一侧具有一出水口。砂轮机的传动机构十分精简、完善，使得打磨工件的过程更加方便、顺畅，且提高了砂轮机的打磨功效。

图1-1　砂轮机

二、低压熔断器

低压熔断器是常用低压电器，而低压电器是指工作在交流额定电压1200V、直流额定电压1500V以下的各种电器以及电气设备。在工业电气控制系统电路中，低压电器的主要作用是对所控制的电路或电路中其他的电器进行通断、保护、控制或调节。低压电器根据其控制对象的不同，可分为配电电器和控制电器两大类。

配电电器主要用于低压配电系统和动力电路。常用的有刀开关、转换开关、熔断器、断路器和接触器等。

控制电器主要用于电力传输系统和电气自动控制系统中，常用的有主令电器、继电器、起动器、控制器、万能转换开关等。本次任务用到的低压电器有熔断器和低压开关。

低压熔断器（见图1-2）的主要作用是在电路中作短路保护。短路是由于电气设备或导线的绝缘层损坏而导致的一种电气故障。使用时，熔断器应串联在被保护的电路中。正常情况下，熔断器的熔体相当于一段导线；而当电路发生短路故障时，熔体能迅速熔断并分断电路，起到保护电路和电气设备的作用。熔断器的结构简单、价格便宜、动作可靠、更换方便，因而得到广泛应用。

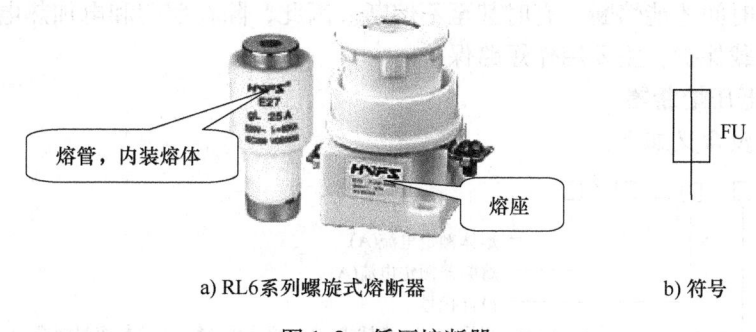

a) RL6系列螺旋式熔断器　　　　　　　b) 符号

图1-2　低压熔断器

（一）熔断器的结构与主要技术参数

1. 熔断器的结构

熔断器主要由熔体、熔管和熔座三部分组成。

熔体是熔断器的核心，常制作成丝状、片状或栅状，制作熔体的材料一般有铅锡合金、锌、铜、银等，根据保护的要求而定。熔管是熔体的保护外壳，用耐热绝缘材料制成，在熔体熔断时兼有灭弧作用。熔座是熔断器的底座，用于固定熔管和外接引线。

2. 熔断器的主要技术参数

（1）额定电压（U_N）　它是指熔断器长期工作所能承受的电压。如果熔断器的实际工作电压大于其额定电压，熔体熔断时可能会发生电弧不能熄灭的危险。

（2）额定电流（I_N）　它是指保证熔断器能长期正常工作的电流，是由熔断器各部分长期工作时的允许温升决定的。

熔断器的额定电流与熔体的额定电流是两个不同的概念。熔体的额定电流是指在规定的工作条件下，长时间通过熔体而熔体不熔断的最大电流值。通常，一个额定电流等级的熔断器可以配用若干个额定电流等级的熔体，但要保证熔体的额定电流值不能大于熔断器的额定电流值。例如，型号为 RL1—15 的熔断器，熔断器的额定电流为 15A，但可以配用额定电流为 2A、4A、6A、10A 和 15A 的熔体。

（3）分断能力　在规定的使用和性能条件下，在规定电压下熔断器能分断的预期分断电流值。常用极限分断电流值来表示。

（4）时间电流特性　它也称为安-秒特性或保护特性，是指在规定的条件下，表征流过熔体的电流与熔体熔断时间的关系曲线，如图 1-3 所示。从特性上可以看出，熔断器的熔断时间随电流的增大而减小。

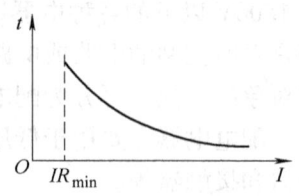

图 1-3　熔断器的时间电流特性

一般熔断器的熔断电流与熔断时间的关系见表 1-1。

表 1-1　熔断器的熔断电流与熔断时间的关系

熔断电流 I_S	1.25I_N	1.6I_N	2.0I_N	2.5I_N	3.0I_N	4.0I_N	8.0I_N	10.0I_N
熔断时间 t/s	∞	3600	40	8	4.5	2.5	1	0.4

由表 1-1 可以看出，熔断器对过载反应是很不灵敏的，当电气设备发生轻度过载时，熔断器将持续很长时间才能熔断，有时甚至不熔断。因此，除在照明和电加热电路外，熔断器一般不宜用作过载保护，主要用作短路保护。

（二）常用低压熔断器

熔断器型号及含义如下：

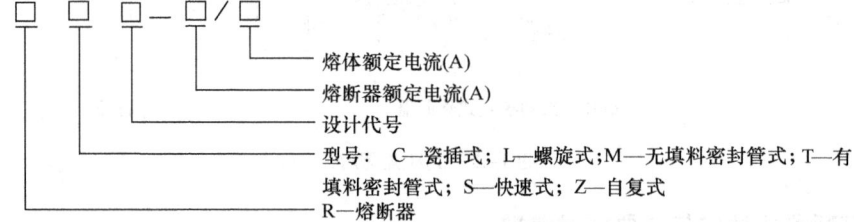

如型号为 RC1A-15/10 的低压电器，R 表示熔断器，C 表示瓷插式，设计代号为 1A，熔断器额定电流为 15A，熔体额定电流为 10A。

（三）熔断器的选用

熔断器有不同的类型和规格。对熔断器的要求是：在电气设备正常运行时，熔断器应不熔断；在出现短路故障时，应立即熔断；在电流发生正常变动（如电动机起动过程）时，熔断器应不熔断；在用电设备持续过载时，应延时熔断。

对熔断器的选用主要包括熔断器类型、额定电压、熔断器额定电流和熔体额定电流的选用。

1. 熔断器类型的选用

根据使用环境、负载性质和短路电流的大小选用适当类型的熔断器。例如，对于容量较小的照明电路，可选用 RT 系列圆筒帽形熔断器或 RC1A 系列瓷插式熔断器；对于短路电流相当大或有易燃气体的地方，应选用 RT 系列有填料封闭管式熔断器；在机床控制电路中，多选用 RL 系列螺旋式熔断器；用于半导体功率器件及晶闸管的保护时，应选用 RS 或 RLS

系列快速熔断器。几种低压熔断器如图1-4所示。

a) 瓷插式　　b) RL1、RLS系列螺旋式　　c) RM10系列无填料封闭管式

d) RT18系列圆筒帽形　　e) RT15系列螺栓连接　　f) RT0系列有填料封闭管式

图1-4　几种低压熔断器

2. 熔断器额定电压和额定电流的选用

熔断器的额定电压必须大于或等于电路的额定电压；熔断器的额定电流必须大于或等于所装熔体的额定电流。

3. 熔体额定电流的选用

1) 对照明和电热等电流较平稳、无冲击电流的负载的短路保护，熔体的额定电流应稍大于或等于负载的额定电流。

2) 对一台不经常起动且起动时间不长的电动机的短路保护，熔体的额定电流 I_{RN} 应大于或等于 1.5~2.5 倍电动机额定电流 I_N，即

$$I_{RN} \geq (1.5 \sim 2.5) I_N$$

3) 对多台电动机的短路保护，熔体的额定电流应大于或等于其中最大功率电动机的额定电流 I_{Nmax} 的 1.5~2.5 倍，加上其余电动机额定电流的总和 $\sum I_N$，即

$$I_{RN} \geq (1.5 \sim 2.5) I_{Nmax} + \sum I_N$$

【例1-1】 某机床电动机的型号为Y112M—4，额定功率为4kW，额定电压为380V，额定电流为8.8A，该电动机正常工作时不需要频繁起动。若用熔断器为该电动机提供短路保护，试确定熔断器的型号与规格。

解： 1) 选择熔断器的类型：该电动机是在机床中使用的，所以熔断器可选用RL1系列螺旋式熔断器。

2) 选择熔体额定电流：由于所保护的电动机不需要经常起动，则熔体额定电流为

$$I_{RN} = (1.5 \sim 2.5) \times 8.8A \approx 13.2 \sim 22A$$

可选熔体额定电流为 $I_{RN} = 20A$

3) 选择熔断器的额定电流和电压：查表1-3，可选取RL1—60/20型熔断器，其额定电流为60A，额定电压为500V。

(四) 熔断器的安装与使用

1) 用于安装与使用的熔断器应完整无损,并具有额定电压和额定电流值标志。

2) 熔断器安装时应保证熔体与夹头、夹头与夹座接触良好。瓷插式熔断器应垂直安装。螺旋式熔断器接线时,电源线应接在下接线座上,负载线应接在上接线座上,以保证能安全地更换熔管。

3) 熔断器内要安装合格的熔体,不能用多根小规格的熔体并联代替一根大规格的熔体。在多级保护的场合,各级熔体应相互配合,上级熔断器的额定电流等级以大于下级熔断器的额定电流等级两级为宜。

4) 更换熔体或熔管时,必须切断电源,尤其不允许带负荷操作,以免发生电弧灼伤。管式熔断器的熔体应用专用的绝缘插拔器进行更换。

5) 对RM10系列熔断器,在切断过三次相当于分断能力的电流后,必须更换熔断管,以保证能可靠地切断所规定分断能力的电流。

6) 熔体熔断后,应分析原因排除故障后,再更换新的熔体。在更换新的熔体时,不能轻易改变熔体的规格,更不准随便使用铜丝或铁丝代替熔体。

7) 熔断器兼作隔离器件使用时,应安装在控制开关的电源进线端;若仅作短路保护用,应装在控制开关的出线端。

几种常用的熔断器见表1-2。

表1-2 几种常用的熔断器

名 称	结构示意图	特 点	应用场合
RC1A系列瓷插式熔断器	1—熔丝 2—动触头 3—瓷盖 4—空腔 5—静触头 6—瓷座	它由瓷座、瓷盖、动触头、静触头及熔丝五部分组成,其特点是结构简单、价格低廉、更换方便,使用时将瓷盖插入瓷座,拔下瓷盖便可更换熔丝。但该熔断器极限分断能力较差,由于为半封闭结构,熔丝熔断时有声光现象,对于易燃易爆的工作场合应禁止使用	主要用于交流50Hz、额定电压380V及以下、额定电流为5~200A的低压电路末端或分支电路中,作电路和用电设备的短路保护,在照明电路中还可起过载保护作用
RL1系列螺旋式熔断器	a) 外形 b) 结构 1—瓷座 2—下接线座 3—瓷套 4—熔管 5—瓷帽 6—上接线座	它主要由瓷帽、熔管、瓷套、上接线座、下接线座及瓷底座等部分组成。熔管内装有硅砂、熔丝和带小红点的熔断指示器,硅砂用以增强灭弧性能。该系列熔断器的分断能力较高,结构紧凑,体积小,安装面积小,更换熔体方便,工作安全可靠,熔丝熔断后有明显指示。当从瓷帽玻璃窗口观测到带小红点的熔断指示器自动脱落时,表示熔丝已经熔断了	广泛应用于控制箱、配电盘、机床设备及振动较大的场合,在交流额定电压500V、额定电流200A及以下的电路中,作为短路保护器件

（续）

名　称	结构示意图	特　点	应用场合
RM10系列封闭管式熔断器	a) 外形　　b) 结构 1—夹座　2—熔管　3—钢纸管　4—黄铜套管 5—黄铜帽　6—熔体　7—刀形夹头	它主要由熔管、熔体、夹头及夹座等部分组成。熔管由钢纸制成，两端为黄铜制成的可拆式管帽，管内熔体为变截面的熔片，更换熔体较方便。RM10系列的极限分断能力比RC1A系列熔断器有提高	主要用于交流额定电压380V及以下、直流440V及以下、电流在600A以下的电力电路中，作导线、电缆及电气设备的短路和连续过载保护
RT0系列有填料封闭管式熔断器	a) 外形　　b) 结构 c) 锡桥 1—熔断指示器　2—硅砂填料 3—指示器熔丝　4—夹头　5—夹座 6—底座　7—熔体　8—熔管　9—锡桥	它主要由熔管、底座、夹头、夹座等部分组成。它的熔管由高频电工瓷制成，熔体是两片网状紫铜片，中间用锡桥连接。熔体周围填满硅砂，起灭弧作用，该熔断器的分断能力同容量的RM10系列大2.5~4倍。该系列熔断器配有熔断指示装置，熔体熔断后，显示出醒目的红色熔断信号，并可用配备的专用绝缘手柄，在带电的情况下更换熔管，装取方便，安全可靠	广泛用于交流380V及以下、短路电流较大的电力输配电系统中，作为电路及电气设备的短路保护及过载保护
RS0、RS3系列有填料快速熔断器		电力半导体器件的过载能力很差，采用熔断器保护时，要求过载或短路时必须快速熔断，一般在6倍额定电流时，熔断时间不大于20ms。故快速熔断器的主要特点是熔断时间短，动作迅速（小于5ms）。RS0、RS3系列，其外形与RT0系列相似，熔断管内有硅砂填料，熔体也采用变截面形状，但用导热性能强、热容量小的银片，熔化速度快	主要用于半导体硅整流器件的过电流保护。常用的有RLS、RS0、RS3等系列。RLS系列主要用于小容量硅器件及成套装置的短路保护；RS0和RS3系列主要用于大容量晶闸管器件的短路和过载保护。它们的结构相同，但RS3系列的动作更快，分断能力更高

(续)

名　称	结构示意图	特　点	应用场合
自复式熔断器	a) 采用液态金属钠作熔体 1、4—端子　2—熔体　3—绝缘管 5—填充剂　6—钢套　7—活塞　8—氮气 b) PTC聚合物自复熔丝	自复式熔断器是一种采用气体、超导体或液态金属钠等作熔体的限流元件。在故障短路电流产生的高温下，其中的局部液态金属钠迅速汽化而蒸发，阻值剧增，即瞬间呈现高阻状态，从而限制了短路电流。当故障消失后，温度下降，金属钠蒸气冷却并凝结，自动恢复至原来的导电状态。自复式熔断器有限流型和复合型两种，限流型本身不能分断电路，常与断路器串联使用限制短路电流，以提高组合分断性能。复合型的具有限流和分断电路两种功能。自复式熔断器具有限流作用显著、动作时间短、动作后不必更换熔体、能重复使用、能实现自动重合闸等优点，所以在生产中的应用范围不断扩大	目前自复式熔断器的工业产品有RZ1系列，它适用于交流380V的电路中与断路器配合使用。熔断器的电流有100A、200A、400A和600A四个等级，在功率因数$\cos\varphi \leq 0.3$时的分断能力为100kA

常见低压熔断器的主要技术参数见表1-3。

表1-3　常见低压熔断器的主要技术参数

类　别	系列	额定电压/V	额定电流/A	熔体额定电流等级/A	极限分断能力/kA	功率因数
瓷插式熔断器	RC1A	380	5	2、5	0.25	
			10	2、4、6、10	0.5	0.8
			15	6、10、15		
			30	20、25、30	1.5	0.7
			60	40、50、60		
			100	80、100	3	0.6
			200	120、150、200		
螺旋式熔断器	RL1	500	15	2、4、6、10、15、20	2	≥0.3
			60	25、30、40、50、60	3.5	
			100	60、80、100	20	
			200	100、125、150、200	50	
	RL2	500	25	2、4、6、10、15、20、25	1	
			60	25、35、50、60	2	
			100	80、100	3.5	

（续）

类别	系列	额定电压/V	额定电流/A	熔体额定电流等级/A	极限分断能力/kA	功率因数
无填料封闭管式熔断器	RM10	380	15	6、10、15	1.2	0.8
			60	15、20、25、35、45、60	3.5	0.7
			100	60、80、100	10	0.35
			200	100、125、160、200		
			350	200、225、260、300、350		
			600	350、430、500、600	12	0.35
有填料封闭管式熔断器	RT0	交流380 直流440	100	30、40、50、60、100	交流50 直流25	>0.3
			200	120、150、200、250		
			400	300、350、400、450		
			600	500、550、600		
快速熔断器	RLS2	500	30	16、20、25、30	50	0.1~0.2
			63	35、(45)、50、63		
			100	(75)、80、(90)、100		

三、低压开关

在我们的生活和工作中低压开关经常看到，如：在居民楼或办公楼里，你可能见到过如图1-5a所示的开关箱，箱中的低压断路器控制着电灯、空调、电风扇等照明及家用、办公电器。

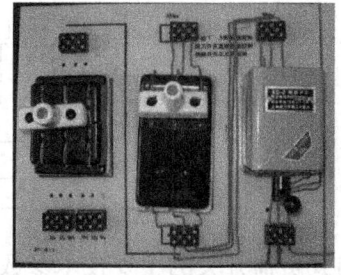

a) 开关箱中的低压断路器　　　　b) 手动控制电动机Y-△减压起动

图1-5　实际中常用的低压开关

如图1-5b所示是用开启式负荷开关和倒顺开关来手动控制电动机Y-△减压起动。在电力拖动控制系统中，低压开关多数用作机床电路的电源开关和局部照明电路的控制开关，有时也可用来直接控制小功率电动机的起动、停止和正反转。

下面就来学习常用的低压开关——负荷开关、组合开关和低压断路器。

1）如何选用开启式负荷开关？
2）封闭式负荷开关的操作机构有什么特点？
3）在安装和使用封闭式负荷开关时，应注意哪些问题？

(一)负荷开关

负荷开关分为开启式负荷开关和封闭式负荷开关两种。

1. 开启式负荷开关

(1) 功能 如图1-6所示就是生产中常用的HK系列开启式负荷开关,俗称瓷底胶盖刀开关,简称刀开关。它的结构简单,价格便宜,适用于交流50Hz、额定电压单相220V或三相380V、额定电流10~100A的照明、电热设备及小功率电动机控制电路中,供手动不频繁地接通和分断电路,并起短路保护。

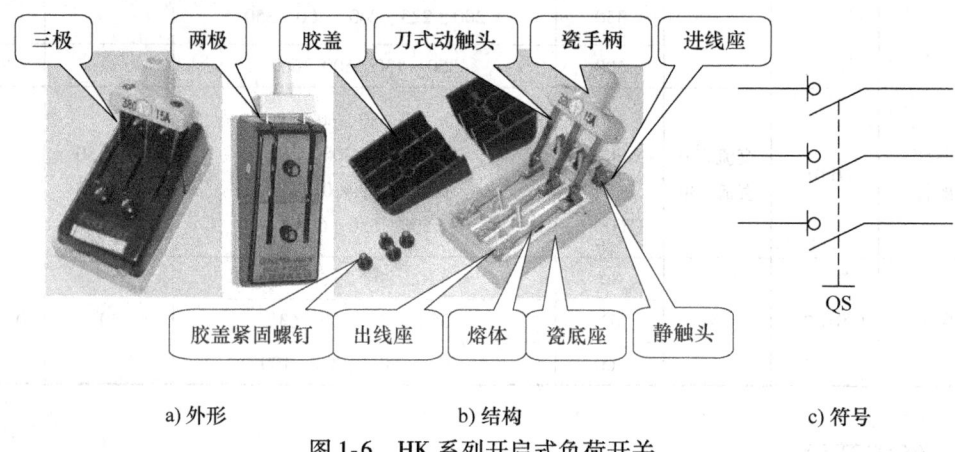

图1-6 HK系列开启式负荷开关

(2) 结构与符号 开启式负荷开关的结构与符号如图1-6b、c所示。开关的瓷底座上装有进线座、静触头、熔体、出线座和带瓷质手柄的刀式动触头,上面盖有胶盖以防止操作时触及带电体或分断时产生的电弧飞出伤人。

开启式负荷开关的型号及含义如下:

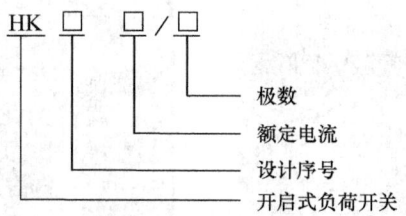

HK系列开启式负荷开关的主要技术参数见表1-4。

表1-4 HK系列开启式负荷开关的主要技术数据

型号	极数	额定电流/A	额定电压/V	可控制电动机最大功率/kW		配用熔丝规格			熔丝线径/mm
				220V	380V	铅	锡	锑	
HK1-15	2	15	220	—	—	98	1	1	1.45~1.59
HK1-30	2	30	220	—	—				2.30~2.52
HK1-60	2	60	220	—	—				3.36~4.00
HK1-15	3	15	380	1.5	2.2				1.45~1.59
HK1-30	3	30	380	3.0	4.0				2.30~2.52
HK1-60	3	60	380	4.5	5.5				3.36~4.00

（3）选用　HK开启式负荷开关用于一般的照明电路和功率小于 5.5kW 的电动机控制电路中。但这种开关没有专门的灭弧装置，其刀式动触头和静夹座易被电弧灼伤引起接触不良，因此不宜用于操作频繁的电路。具体选用方法如下：

1）用于照明和电热负载时，选用额定电压 220V 或 250V，额定电流大于或等于电路中所有负载额定电流之和的两极开关。

2）用于控制电动机的直接起动和停止时，选用额定电压 380V 或 500V，额定电流大于或等于电动机额定电流 3 倍的三极开关。

（4）安装与使用

1）开启式负荷开关必须垂直安装在控制屏或开关板上，且合闸状态时手柄应朝上。不允许倒装或平装，以防发生误合闸事故。

2）开启式负荷开关控制照明和电热负载使用时，要装接熔断器作短路保护和过载保护。接线时应把电源进线接在静触头一边的进线座，负载接在动触头一边的出线座。

3）开启式负荷开关用作电动机的控制开关时，应将开关的熔体部分用铜导线直接连接，并在出线端另外加装熔断器作短路保护。

4）在分闸和合闸操作时，应动作迅速，使电弧尽快熄灭。更换熔体时，必须在开关断开的情况下按原规格更换。

（5）常见故障及处理方法　开启式负荷开关最常见的故障是触头接触不良，造成电路开路或触头发热，可根据情况整修或更换触头。

2. 封闭式负荷开关

（1）功能　如图 1-7 所示是 HH 系列封闭式负荷开关，它是在开启式负荷开关的基础上改进设计的一种开关，因其外壳多为铸铁或用薄钢板冲压而成，故俗称铁壳开关。它适用于交流频率 50Hz、额定工作电压 380V、额定工作电流至 400A 的电路中，用于手动不频繁地接通和分断带负载的电路及电路末端的短路保护，也可用于控制 15kW 以下小功率交流电动机的不频繁直接起动和停止。

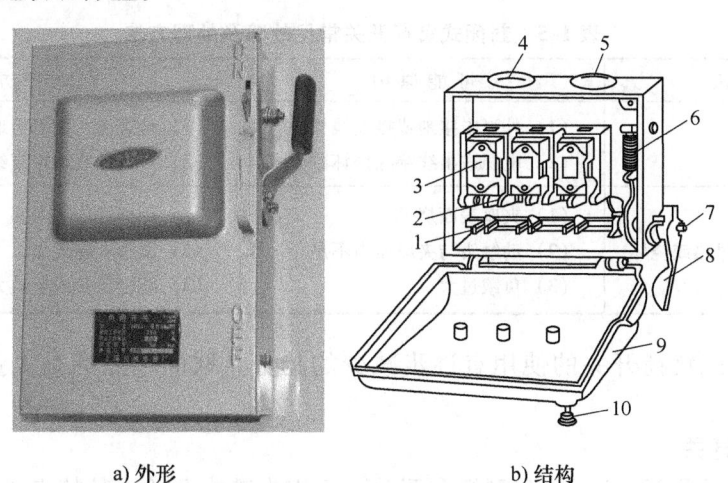

a) 外形　　　　　　b) 结构

图 1-7　HH 系列封闭式负荷开关

1—动触头　2—静夹座　3—熔断器　4—进线孔　5—出线孔　6—速断弹簧
7—转轴　8—手柄　9—罩盖　10—罩盖锁紧螺栓

(2) 结构特点与型号含义　常用的 HH 系列封闭式负荷开关在结构上设计成侧面旋转操作式，主要由操作机构、熔断器、触头系统和铁壳组成。操作机构具有快速分断装置，开关的闭合和分断速度与操作者手动速度无关，从而保证了操作人员和设备的安全；触头系统全部封装在铁壳内，并带有灭弧室以保证安全；罩盖与操作机构设置了联锁装置，保证了开关在合闸状态下罩盖不能开启，而当罩盖开启时又不能合闸。另外罩盖也可以加锁，确保专人操作。

封闭式负荷开关在电路图中的符号与开启式负荷开关相同。

封闭式负荷开关的型号及含义如下：

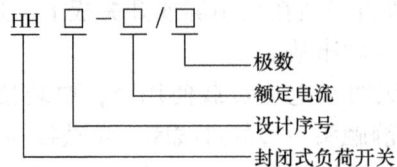

(3) 选用　封闭式负荷开关的额定电压应大于或等于工作电路的额定电压；额定电流应稍大于或等于电路的工作电流。用于控制电动机工作时，考虑到电动机的起动电流较大，应使开关的额定电流大于或等于电动机额定电流的 3 倍。

(4) 安装与使用

1) 封闭式负荷开关必须垂直安装于无强烈振动和冲击的场合，安装高度一般离地面不低于 1.3~1.5m，外壳必须可靠接地。

2) 接线时，应将电源进线接在静夹座一边的接线端子上，负载引线接在熔断器一边的接线端子上，且进出线都必须穿过开关的进出线孔。

3) 在进行分合闸操作时，要站在开关的手柄侧，不准面对开关，以免因意外故障电流使开关爆炸，铁壳飞出伤人。

(5) 常见故障及处理方法　封闭式负荷开关常见故障及处理方法见表 1-5。

表 1-5　封闭式负荷开关常见故障及处理方法

故障现象	可能原因	处理方法
操作手柄带电	(1) 外壳未接地或接地线松脱 (2) 电源进出线绝缘损坏碰壳	(1) 检查后，加固接地导线 (2) 更换导线或恢复绝缘
夹座（静触头）过热或烧坏	(1) 夹座表面烧毛 (2) 动触头与夹座压力不足 (3) 负载过大	(1) 用细锉修整夹座 (2) 调整夹座压力 (3) 减轻负载或更换大容量开关

目前，封闭式负荷开关的使用有逐步减少的趋势，取而代之的是大量使用的低压断路器。

(二) 组合开关

如图 1-8 所示是 HZ10—10/3 型组合开关，又称为转换开关，其特点是体积小，触头数量多，接线方式灵活，操作方便。它适用于交流 50Hz、电压至 380V 以下、直流 220V 及以下的电气控制电路中，供手动不频繁地接通和分断电路，换接电源和负载，也可以用于控制 5kW 以下小功率电动机起动、停止和正反转。

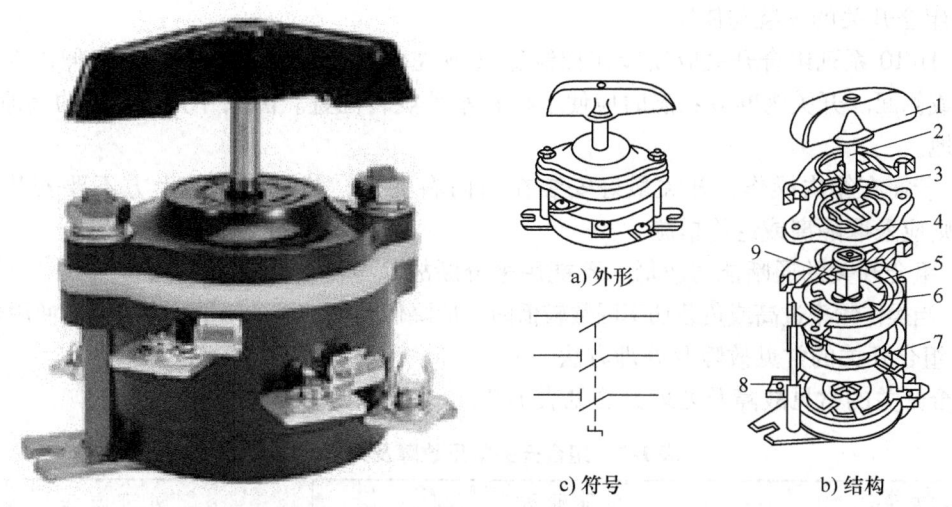

图1-8 HZ10—10/3型组合开关

1—手柄 2—转轴 3—弹簧 4—凸轮 5—绝缘垫板 6—动触头 7—静触头 8—接线端子 9—绝缘方轴

1. 组合开关的结构与型号含义

组合开关的种类很多，常用的有HZ5、HZ10、HZ15等系列。HZ10—10/3型组合开关，其静触头安装在绝缘垫板上，并附有接线柱用于与电源及负载相接，动触头安装在能随转轴转动的绝缘垫板上，手柄和转轴能沿顺时针或逆时针方向转动90°，带动三个动触头分别与静触头接触或分离，从而实现接通和分断电路的目的。由于采用了扭簧储能结构，从而能快速闭合及分断开关，使开关的闭合和分断速度与手动操作无关。其符号如图1-8c所示。

HZ10系列组合开关的型号及含义如下：

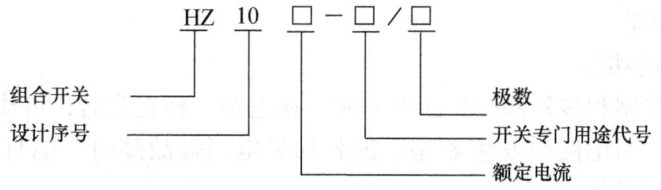

2. 组合开关的主要技术数据及选用

组合开关可分为单极、双极和多极三类，主要参数有额定电压、额定电流、极数等，额定电流有10A、20A、40A、60A等几个等级。HZ10系列组合开关主要技术数据见表1-6。

表1-6 HZ10系列组合开关主要技术数据

型 号	额定电压/V	额定电流/A		380V时可控制电动机的功率/kW
		单极	三极	
HZ10—10	直流220 或交流380	6	10	1
HZ10—25		—	25	3.3
HZ10—60		—	60	5.5
HZ10—100			100	

组合开关应根据电源种类、电压等级、所需触头数、接线方式和负载容量进行选用。用于控制小型异步电动机的运转时，开关的额定电流一般取电动机额定电流的1.5~2.5倍。

3. 组合开关的安装与使用

1）HZ10 系列组合开关应安装在控制箱（或壳体）内，其操作手柄最好伸出在控制箱的前面或侧面。开关为断开状态时应使手柄在水平旋转位置。倒顺开关外壳上的接地螺钉应可靠接地。

2）若需在箱内操作，开关最好安装在箱内右上方，并且在它的上方不要安装其他电器，否则应采取隔离或绝缘措施。

3）组合开关的通断能力较低，不能用来分断故障电流。

4）当操作频率过高或负载功率因数较低时，应降低开关的容量使用，以延长其使用寿命。

4. 组合开关的常见故障及处理方法

组合开关的常见故障及处理方法见表 1-7。

表 1-7　组合开关常见故障及处理方法

故障现象	可能原因	处理方法
手柄转动后，内部触头未动	（1）手柄上的轴孔磨损变形 （2）绝缘杆变形（由方形磨为圆形） （3）手柄与方轴，或轴与绝缘杆配合松动 （4）操作机构损坏	（1）调换手柄 （2）更换绝缘杆 （3）紧固松动部件 （4）修理更换
手柄转动后，动静触头不能按要求动作	（1）组合开关型号选用不正确 （2）触头角度装配不正确 （3）触头失去弹性或接触不良	（1）更换开关 （2）重新装配 （3）更换触头或清除氧化层或尘污
接线柱间短路	因切屑或油污附着在接线柱间，形成导电层，将胶木烧焦，绝缘结构损坏而形成短路	更换开关

（三）低压断路器

1. 低压断路器的功能

低压断路器集控制和多种保护功能于一体，在电路工作正常时，可作为电源开关不频繁地接通和分断电路；当电路中发生短路、过载和失电压等故障时，能自动跳闸切断故障电路，保护电路和电气设备。

低压断路器具有操作安全、安装使用方便、工作可靠、动作值可调、分断能力较高、兼作多种保护、动作后不需要更换元件等优点，因此得到广泛应用。

2. 低压断路器的分类

低压断路器（见图 1-9）按结构型式可分为塑壳式（又称为装置式）、万能式（又称为框架式）、限流式、直流快速式、灭磁式和漏电保护式等六类；按操作方式分，其有人力操作、动力操作和储能操作之分；按极数可分为单极、二极、三极和四极式；按安装方式又可分为固定式、插入式和抽屉式；按其在电路中的用途可分为配电用断路器、电动机保护用断路器和其他负载（如照明）用断路器等。

通常应用比较普遍的是塑壳式和万能式低压断路器。由于在电力拖动控制系统中常用的是 DZ 系列塑壳式低压断路器，因此，下面以 DZ5—20 型低压断路器为例加以介绍。

3. 低压断路器的结构及原理

低压断路器的结构如图 1-10a 所示，它主要由触头系统、灭弧装置、操作机构、热脱扣器、电磁脱扣器及绝缘外壳等部分组成。

DZ5 系列断路器有三对主触头,一对常开辅助触头和一对常闭辅助触头。使用时三对主触头串联在被控制的三相电路中,用以接通和分断主电路的大电流。按下绿色"合"按钮时,接通电路;按下红色"分"按钮时,切断电路。当电路出现短路、过载等故障时,断路器会自动跳闸切断电路。

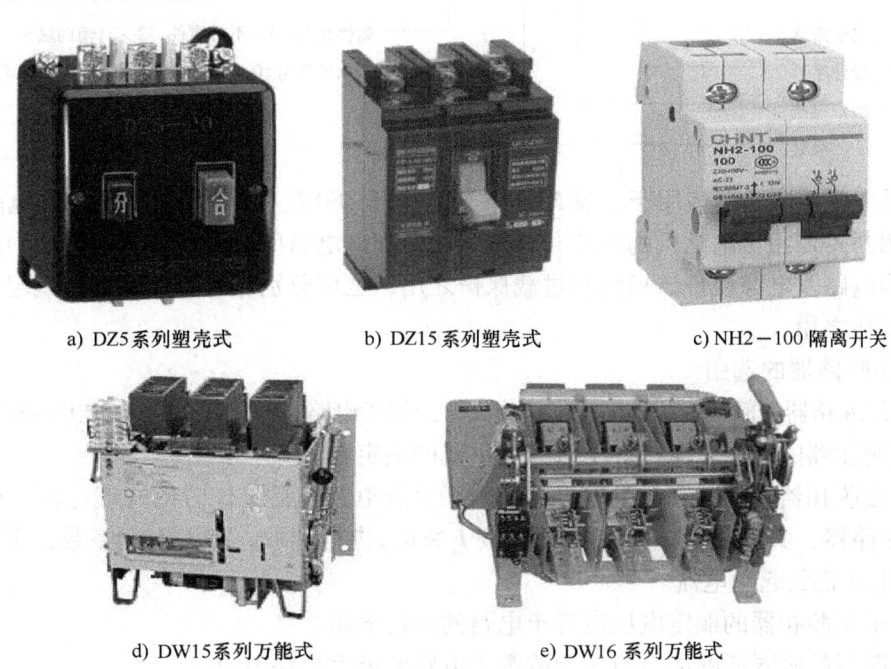

a) DZ5系列塑壳式　　b) DZ15系列塑壳式　　c) NH2-100 隔离开关

d) DW15系列万能式　　e) DW16 系列万能式

图 1-9　低压断路器

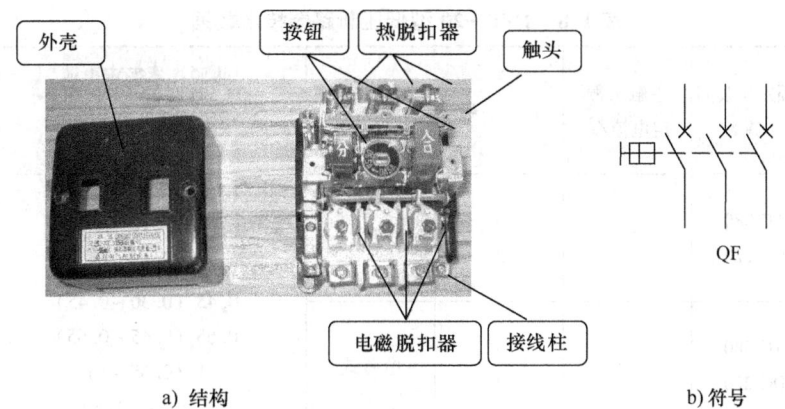

a) 结构　　　　　　　　　　　　b) 符号

图 1-10　低压断路器的结构和符号

断路器的热脱扣器作过载保护,整定电流的大小由电流调节装置来调节。

电磁脱扣器作短路保护,瞬时脱扣整定电流由电流调节装置来调节。出厂时,电磁脱扣器的瞬时脱扣整定电流一般整定为 $10I_N$(I_N 为断路器的额定电流)。

欠电压脱扣器作零电压和欠电压保护。具有欠电压脱扣器的断路器,在欠电压脱扣器两端无电压或电压过低时,不能接通电路。

4. 低压断路器的符号及型号含义

断路器的电气图形符号和文字符号如图 1-10b 所示。DZ5 系列低压断路器的型号及含义如下：

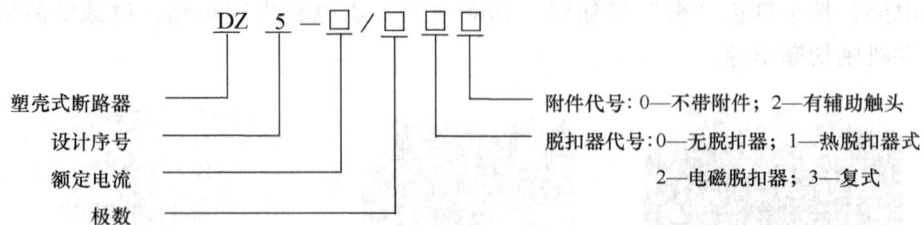

DZ5 系列低压断路器适用于交流 50Hz、额定电压 380V、额定电流至 50A 的电路中，保护电动机用断路器用于电动机的短路和过载保护；配电电路用断路器在配电网络中用来分配电能和作为电路及电源设备的短路和过载保护之用；也可分别作为电动机不频繁起动及电路的不频繁转换之用。

5. 低压断路器的选用

1）低压断路器的额定电压和额定电流应大于或等于电路、设备的正常工作电压和工作电流。

2）热脱扣器的整定电流应等于所控制负载的额定电流。

3）电磁脱扣器的瞬时脱扣整定电流应大于负载电路正常工作时的峰值电流。用于控制电动机的断路器，其瞬时脱扣整定电流可按 $I_z \geq KI_{st}$ 进行选取，K 为安全系数，可取 1.5～1.7；I_{st} 为电动机的起动电流。

4）欠电压脱扣器的额定电压应等于电路的额定电压。

5）断路器的极限通断能力应大于或等于电路的最大短路电流。

DZ5—20 型低压断路器技术数据见表 1-8。

表1-8 DZ5—20 型低压断路器技术数据

型号	额定电压/V	主触头额定电流/A	极数	脱扣器形式	热脱扣器额定电流（括号内为整定电流调节范围）/A	电磁脱扣器瞬时动作整定值/A
DZ5—20/330 DZ5—20/230	AC 380 DC 220	20	3 2	复式	0.15（0.10～0.15） 0.20（0.15～0.20） 0.30（0.20～0.30） 0.45（0.30～0.45） 0.65（0.45～0.65）	电磁脱扣器额定电流的 8～12 倍（出厂时整定于 10 倍）
DZ5—20/320 DZ5—20/220	AC 380 DC 220	20	3 2	电磁式	1（0.65～1） 1.5（1～1.5） 2（1.5～2）	
DZ5—20/310 DZ5—20/210	AC 380 DC 220	20	3 2	热脱扣器式	3（2～3） 4.5（3～4.5） 6.5（4.5～6.5）	
DZ5—20/300 DZ5—20/200	AC 380 DC 220	20	3 2	无脱扣器式	10（6.5～10） 15（10～15） 20（15～20）	

【例1-2】 用低压断路器控制一台型号为Y132S—4的三相异步电动机,电动机的额定功率为5.5kW,额定电压为380V,额定电流为11.6A,起动电流为额定电流的7倍,试选择断路器的型号和规格。

解: 1) 确定断路器的种类:根据电动机的额定电流、额定电压及对保护的要求,确定选用DZ5—20型低压断路器。

2) 确定热脱扣器额定电流:根据电动机的额定电流查表1-8,选择热脱扣器的额定电流为15A,相应的电流整定范围为10~15A。

3) 校验电磁脱扣器的瞬时脱扣整定电流:电磁脱扣器的瞬时脱扣整定电流为 $I_z = 10 \times 15A = 150A$,而 $KI_{st} = 1.7 \times 7 \times 11.6A = 138A$,满足 $I_z \geq KI_{st}$,符合要求。

4) 确定低压断路器的型号规格:根据以上分析计算,应选用DZ5—20/330型低压断路器。

6. 低压断路器的安装与使用

1) 低压断路器应垂直安装,电源线应接在上端,负载线应接在下端。

2) 低压断路器用作电源总开关或电动机的控制开关时,在电源进线侧必须加装刀开关或熔断器等,以形成明显的断开点。

3) 低压断路器使用前应将脱扣器工作面上的防锈油脂擦净,以免影响其正常工作;同时应定期检修,清除断路器上的积尘,给操作机构添加润滑剂。

4) 各脱扣器的动作值一经调整好,不允许随意变动,并定期检查各脱扣器的动作值是否满足要求。

5) 断路器的触头使用一定次数或分断短路电流后,应及时检查触头系统,如果触头表面有毛刺、颗粒等,应及时维修或更换。

7. 低压断路器的常见故障及处理

低压断路器的常见故障及处理方法见表1-9。

表1-9 低压断路器的常见故障及处理方法

故障现象	可能原因	处理方法
不能合闸	(1) 欠电压脱扣器无电压或线圈损坏 (2) 储能弹簧变形 (3) 反作用弹簧力过大 (4) 操作机构不能复位再扣	(1) 检查施加电压或更换线圈 (2) 更换储能弹簧 (3) 重新调整 (4) 调整再扣接触面至规定值
电流达到整定值,断路器不动作	(1) 热脱扣器双金属片损坏 (2) 电磁脱扣器的衔铁与铁心距离太大或电磁线圈损坏 (3) 主触头熔焊	(1) 更换双金属片 (2) 调整衔铁与铁心的距离或更换断路器 (3) 检查原因并更换主触头
起动电动机时断路器立即分断	(1) 电磁脱扣器瞬时整定值过小 (2) 电磁脱扣器的某些零件损坏	(1) 调高整定值至规定值 (2) 更换脱扣器
断路器闭合后一定时间自行分断	热脱扣器整定值过小	调高整定值至规定值
断路器温升过高	(1) 触头压力过小 (2) 触头表面过分磨损或接触不良 (3) 两个导电零件连接螺钉松动	(1) 调整触头压力或更换弹簧 (2) 更换触头或修整接触面 (3) 重新拧紧

8. 检测各种元器件

仔细观察不同系列规格的电器,熟悉它们的外形、型号及主要技术参数,并熟悉其结构,认清主触头、辅助常开触头和常闭触头、线圈的接线柱等。在未通电的情况下,用万用表检查各触头的分、断情况是否良好。检验接触器时,应拆卸灭弧罩,用手同时按下三对主触头并用力均匀。将检查元器件的情况填写入表1-10中。

表1-10 检测各种元器件

元器件名称	符　号	测量方法	测　量　值	判断好坏

四、砂轮机的工作分析

正转控制电路只能控制电动机单向起动和停止,带动生产机械的运动部件朝一个方向旋转或运动。手动正转控制电路是通过低压开关来控制电动机单向起动和停止的。在工厂中常被用来控制三相电风扇和砂轮机等设备。

如图1-11a所示的砂轮机是用低压断路器来控制的。需用砂轮机工作时,向上扳动低压断路器的手柄,砂轮开始转动进行磨削加工;使用完砂轮机时,向下扳动断路器的手柄,砂轮停转停止磨刀。当电路出现短路故障时,断路器还会自动跳闸断开电路,起到短路保护作用。

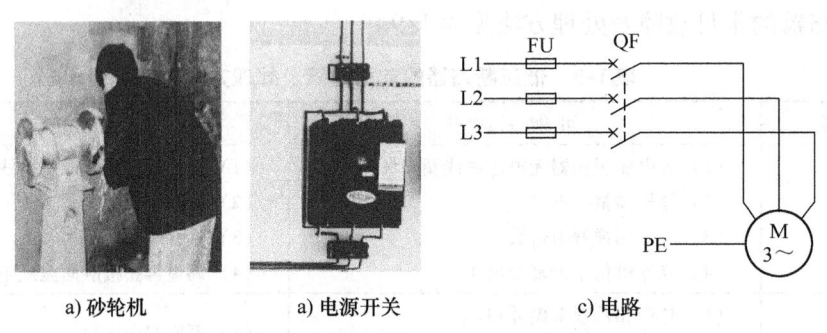

a) 砂轮机　　　　　a) 电源开关　　　　　c) 电路

图1-11 用低压断路器控制的手动正转控制电路

砂轮机的控制电路非常简单,控制和保护都是由低压断路器来实现的,所用元器件少。尽管如此,若把砂轮机控制电路中使用的电气装置和器件的实际图形都画出来,也是非常麻烦的。因此人们就把这些电气装置和元器件,用电气图形符号表示出来,并在它们的旁边标上相应电器的文字符号,画出电路图来分析它们的作用、电路构成和工作原理等。

由图1-11c很容易看出砂轮机控制电路是由三相电源L1、L2、L3,熔断器FU,低压断路器QF和三相交流异步电动机M构成的。低压断路器集控制、保护于一身,电流从三相电源经熔断器、低压断路器流入电动机,电动机则带动砂轮运转。

根据图 1-11c 所示电路，很容易分析电路的工作原理：

起动：合上断路器 QF→电动机 M 接通电源起动运转。

停止：断开断路器 QF→电动机 M 脱离电源停止运转。

在分析各种控制电路的工作原理时，常用电器文字符号和箭头，再配以少量的文字说明，来表达电路的工作原理，使叙述比较简洁。

用负荷开关和组合开关控制的手动正转控制电路的电路如图 1-12 所示。在图 1-12 所示电路中，负荷开关和组合开关起接通、断开电源用，熔断器作短路保护用。该电路的工作原理读者可自行分析。

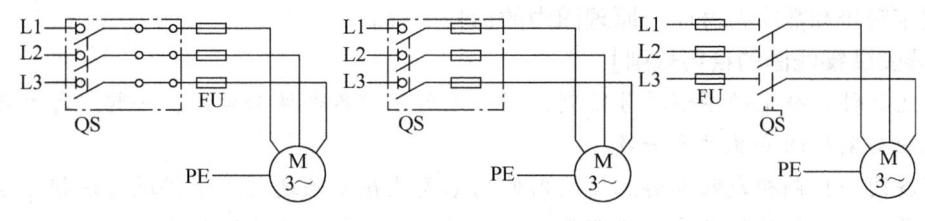

a) 用开启式负荷开关控制　　b) 用封闭式负荷开关控制　　c) 用组合开关控制

图 1-12　用负荷开关和组合开关控制的手动正转控制电路的电路

◆ **学习拓展：电气图样的类型**

1. 电气原理图

电气原理图是采用将元器件以展开的形式绘制而成的一种电气控制系统图样，包括所有元器件的导电部件和接线端点。电气原理图并不按照元器件的实际安装位置来绘制，也不反映元器件的实际外观及尺寸。

其作用是：便于操作者详细了解其控制对象的工作原理；用以指导安装、调试与维修以及为绘制接线图提供依据。

2. 电器布置图

电器布置图主要是用来表明电气系统中所有元器件的实际位置，为生产机械电气控制设备的制造、安装提供必要的资料。一般情况下，电器布置图是与电器安装接线图组合在一起使用的。这样既起到电器安装接线图的作用，又能清晰表示出所使用的电器的实际安装位置，如图 1-13 所示。

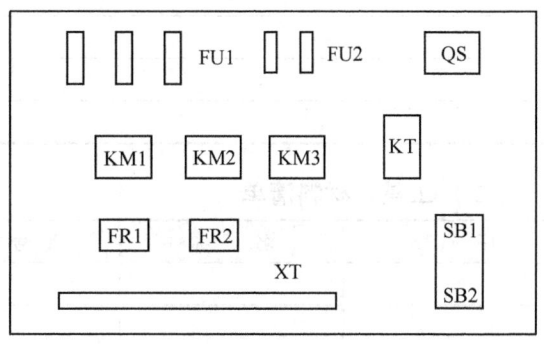

图 1-13　电器布置图

【电器元件布置图的绘制规则】

➤ 体积大和较重的元器件应安装在电路板的下面，而发热元件应安装在电路板的上面；强电、弱电分开并注意屏蔽，防止外界干扰。

➤ 元器件的布置应考虑整齐、美观、对称。外形尺寸与结构类似的电器安放在一起，以利加工、安装和配线。

➤ 需要经常维护、检修、调整的元器件安装位置不宜过高或过低。

➤ 元器件布置不宜过密，若采用板前布线槽配线方式，应适当加大各排电器间距，以利布线和维护。

3. 电器安装接线图

电器安装接线图是用规定的图形符号，按各元器件相对位置绘制的实际接线图。所表示的是各元器件的相对位置和它们之间的电路连接状况。在绘制时，不但要画出控制柜内部各元器件之间的连接方式，还要画出外部相关电器的连接方式。

电器安装接线图中的回路标号是电气设备之间、元器件之间、导线与导线之间的连接标记，其文字符号和数字符号应与原理图中的标号一致。

【电器安装接线图的绘制规则】

➤ 各元器件用规定的图形符号绘制，同一元器件的各部件必须画在一起。各元器件在图中的位置应与实际的安装位置一致。

➤ 不在同一控制柜或配电屏上的元器件的电气连接必须通过端子排进行连接。各元器件的文字符号及端子排的编号应与原理图一致，并按原理图的连线进行连接。

➤ 走向相同的多根导线可用单线表示。

学习活动三　制订工作计划

根据任务要求，结合现场勘查掌握的实际情况及任务实施的基本步骤，制订小组工作计划，并对小组成员进行分工。

（一）小组成员分工表

姓　名	分　工

（二）工具、材料清单

序　号	名　称	型号规格	单　位	数　量

（三）工序及工期安排

序　号	工作内容	完成时间	备　注

注：根据任务要求，此任务应先拆除旧电路，再安装新电路。

（四）安全防护措施

1）电源管理，如果维修时间较长，必须将设备与电源隔离，电源开关断开后，粘贴三角形红色提醒标志。

2）接地保护，将设备外壳与接地线连接或重复接地。

学习活动四　任务实施

（一）施工步骤

拆除旧电路→检测元器件→定位元器件→安装元器件→连接电路→自检→通电试车→交付验收。

（二）板前明线布线工艺要求

1. 安装工艺要求

1）断路器安装应垂直于安装面，安装孔用螺钉应加弹簧垫圈和平垫圈。安装倾斜度不能超过5°，四周留有适当空间。安装和接线时，注意不要将螺钉、螺母或线头等杂物落入断路器内部，以防人为造成断路器不能正常工作或烧毁的后果。

2）按布置图在控制板上安装断路器、熔断器等电器。

3）各元器件的安装位置应整齐、匀称，间距合理，便于元器件的更换。

4）紧固各元器件时，用力要均匀，紧固程度要适当。在紧固熔断器等易碎元器件时，应该用手按住元器件一边轻轻摇动，一边用螺钉旋具轮换旋紧对角线上的螺钉，直到手摇不动后，再适当旋紧一些。

2. 板前明线布线工艺要求

布线时，应符合平直、整齐、紧贴敷设面、布线合理及连接点不得松动等要求。

【板前明线布线原则】

➢ 布线通道要尽可能少，同路并行导线按主电路、控电路分类集中，单层密排，紧贴安装板布线。

➢ 同一平面的导线应高低一致或前后一致，不能交叉。非交叉不可时，该导线应在接线端子引出时水平架空跨越，且必须布线合理。

➢ 布线应横平竖直、分布均匀。变换走向时应垂直转向。

➢ 布线时严禁损伤线芯和导线绝缘层。

➢ 布线顺序一般以接触器为中心，按照由里向外、由低至高、先控制电路、后主电路的顺序进行，以不妨碍后续布线为原则。

➢ 在每根剥去绝缘层导线的两端套上编码套管。所有从一个接线端子（或接线桩）到另一个接线端子（或接线桩）的导线必须连续，中间无接头。

➢ 导线与接线端子或接线桩连接时，不得压绝缘层、不反圈及不露铜过长。同一元器件、同一回路的不同连接点的导线间距离应保持一致。

➢ 一个元器件接线端子上的连接导线不得多于两根，每节接线端子板上的连接导线一般只允许连接一根。

（三）自检提示

按电路图或接线图从电源端开始，逐段核对接线及接线端子处线号是否正确、有无漏接或错接之处。检查导线连接点是否符合要求，压接是否牢固。同时注意连接点接触应良好，以避免带负载运转时产生闪弧现象。

用万用表检查电路的通断情况。检查时，应选用倍率适当的电阻挡，并进行校零，以防发生短路故障。

（四）通电试运行提示

1）为保证人身安全，在通电校验时，要认真执行安全操作规程的有关规定，一人监护，一人操作。校验前，应检查与通电核验有关的电气设备是否有不安全的因素存在，一经查出应立即整改，然后才能试运行。

2）通电试运行前，必须征得教师的同意，并由指导老师接通三相电源 L1、L2、L3，同时在现场监护。学生合上电源开关 QF 后，电动机运行情况是否正常等，但不得对电路接线是否正确进行带电检查。观察过程中，若发现有异常现象，应立即停机。

3）试运行成功率以通电后第一次合上电源开关 QF 时来计算。

4）如出现故障后，学生应独立进行检修。若需带电检查时，老师必须在现场监护。检修完毕后，如需要再次试运行，老师也应该在现场监护，并做好记录。

5）通电校验完毕，切断电源。

◆ 故障检查修复记录

检修步骤	过程记录
观察到的故障现象	
分析故障现象原因	
确定故障范围，找到故障点	
排除故障	

◆ 项目验收

1. 项目验收表

_____公司维修工作任务联系单

报修部门		报修时间	年 月 日 时
设备名称		设备型号/编号	/
报修人		联系电话	
维修部门负责人		联系电话	
质量评价			
验收意见			
验收人		日期	年 月 日
维修人		日期	年 月 日

2. 评分表

评价内容		分值	评分		
			自评	组评	师评
元器件定位安装	安装方法与步骤均正确,符合工艺要求				
	元器件安装美观、整洁				
布线	按电路图正确接线				
	布线方法与步骤均正确,符合工艺要求				
	布线横平、竖直、整洁有序,接线整洁美观				
	接点牢固、接头露铜长度适中,无反圈、压绝缘层、标记不清楚、标记号遗漏或误标等问题				
	施工中导线绝缘层或线芯无损伤				
通电试车	正常运转无故障				
	出现故障正常排除				
安全文明生产	遵守安全文明生产规程				
	施工完成后认真清理现场				
施工额定用时: 实际用时: 超时扣分:					
合计					

学习活动五　总结评价

◆ **综合评价表**

评价项目	评价内容	评价标准	评价主体		
			自我	同学	教师
职业素养	安全意识 责任意识	A. 作风严谨、自觉遵守纪律、出色完成工作任务 B. 能够遵守规章制度,较好完成工作任务 C. 遵守规章制度,没完成工作任务 D. 不遵守规章制度,没完成工作任务			
	学习态度	A. 积极参与学习活动,全勤 B. 缺勤达到任务总学时的10% C. 缺勤达到任务总学时的20% D. 缺勤达到任务总学时的30%			
	团队合作	A. 与同学协作融洽,团队合作意识强 B. 与同学能沟通,协同工作能力较强 C. 与同学能沟通,协同工作能力一般 D. 与同学沟通困难,协同工作能力较差			

（续）

评价项目	评价内容	评价标准	评价主体		
			自我	同学	教师
专业能力	学习活动1 明确工作任务	A. 学习活动评价成绩为 90~100 分 B. 学习活动评价成绩为 75~89 分 C. 学习活动评价成绩为 60~74 分 D. 学习活动评价成绩为 0~59 分			
	学习活动2 相关知识学习	A. 学习活动评价成绩为 90~100 分 B. 学习活动评价成绩为 75~89 分 C. 学习活动评价成绩为 60~74 分 D. 学习活动评价成绩为 0~59 分			
	学习活动3 制订计划	A. 学习活动评价成绩为 90~100 分 B. 学习活动评价成绩为 75~89 分 C. 学习活动评价成绩为 60~74 分 D. 学习活动评价成绩为 0~59 分			
	学习活动4 任务实施	A. 学习活动评价成绩为 90~100 分 B. 学习活动评价成绩为 75~89 分 C. 学习活动评价成绩为 60~74 分 D. 学习活动评价成绩为 0~59 分			
创新能力		学习过程中提出具有创新性、可行性的建议	加分		
班级		姓名	综合评价等级		

 课后思考

一、填空题

1. 断路器的热脱扣器作（　　　）保护，电磁脱扣器作（　　　）保护。
2. 低压断路器简称断路器，它集（　　　）和（　　　）功能于一体。
3. 工作在额定电压交流（　　　）V及以上或直流（　　　）V及以上的电器称为高压电器。
4. 对熔断器的选择主要包括熔断器的类型、（　　　）、额定电流和（　　　）的选用。
5. 螺旋式熔断器的进线应接在（　　　）接线座上，出线则应接在（　　　）接线座上。
6. 熔断器是低压配电网络和电力拖动系统中用作（　　　）的电器，使用（　　　）在被保护的电路中。

二、判断题

（　）1. 熔断器的额定电流与熔体的额定电流含义相同。
（　）2. 熔断器对短路反应灵敏，但对过载反应很不灵敏。
（　）3. 低压断路器中电磁脱扣器的作用是实现失压保护。
（　）4. 熔断器的熔断时间随电流的增大而减小。
（　）5. HK系列开启式负荷开关没有专门的灭弧装置，因此不宜用于操作频繁的电路。

（　　）6. HH 系列封闭式负荷开关的进出线都必须穿过开关的进出线孔，在进行分合闸操作时，要站在开关的手柄侧，而不准面对开关，以保证安全。

三、单项选择题

（　　）1. 熔断器的额定电流应（　　）所安装熔体的额定电流。
　　　　A. 大于　　　　　　B. 大于或等于　　　　　　C. 小于

（　　）2. 熔断器出现短路故障时应（　　）。
　　　　A. 不熔断　　　　　B. 立即熔断　　　　　　　C. 延迟熔断

（　　）3. DZ5—20 型低压断路器的短路保护是由断路器的（　　）完成的。
　　　　A. 欠电压脱扣器　　B. 电磁脱扣器　　　　　　C. 热脱扣器

（　　）4. 对有直接电联系的交叉导线的连接点（　　）。
　　　　A. 画小黑圆点
　　　　B. 不画小黑圆点
　　　　C. 可画小黑圆点也可不画小黑圆点

（　　）5. 电动机直接起动时的起动电流较大，一般为额定电流的（　　）倍。
　　　　A. 1～3　　　　　　B. 2～4　　　　　　　　　C. 4～7

（　　）6. 熔断器串联在电路中主要用作（　　）。
　　　　A. 短路保护　　　　B. 过载保护　　　　　　　C. 欠压保护

四、问答及作图题

1. 如何选用熔断器？
2. 画出手动正转控制电路，并说明工作原理。

学习任务二

小型立式钻床点动正转控制电路的安装与检修

学习目标：

1. 能通过阅读工作任务联系单和现场勘察，明确任务要求。
2. 能掌握小型立式钻床的结构组成、运动形式、控制原理和主要用途。
3. 能认识按钮、接触器、热继电器等低压电器的外观、结构、图形符号、文字符号，识读原理图，绘制安装图、接线图。
4. 能识别和选用元器件，按图样、工艺要求、安全规程等要求，安装元器件，连接电路。
5. 能用仪表检测电路安装的正确性，按照安全操作规程正确通电试运行，然后按照要求清理施工现场，标注控制功能的铭牌标签。

工作情景描述：

在企业的维修车间一般都安装小型立式钻床。实际生产中，有的生产机械需要进行点动控制，如：小型立式钻床，当脚踏开关被踩下时钻床开始工作，当脚踏开关松开时钻床停止工作。因此，本次任务是学习并安装三相异步电动机点动正转控制电路。

学习活动一　明确工作任务

＿＿＿＿＿＿＿公司维修工作任务联系单

报修部门		报修时间		年　月　日　时
设备名称		设备型号/编号		／
报修人		联系电话		
故障现象				
故障排除记录				
解决方法				
维修时间		计划工时		
维修人		日期		年　月　日　时

学习任务二　小型立式钻床点动正转控制电路的安装与检修

阅读工作任务联系单，查阅立式钻床的相关资料，回答下列问题：
1）学习本次任务对电动机的控制要求及其在生产中有什么作用？
2）相关元器件在钻床点动正转控制电路中的工作原理是怎样的？如何选用？
3）完成点动正转控制电路的安装、调试与检修任务需要注意哪些方面？

学习活动二　学习相关知识

◆ 引导问题

1）小型立式钻床在生产中有哪些作用？
2）本次任务对电动机的控制要求是什么？
3）本次任务的控制电路中用到哪些相关的低压电器？如何选用？说明它们的工作原理。
4）详细说明点动正转控制电路的工作原理。
5）本次任务电路安装、测试的技术要求有哪些？
6）本次任务故障分析与检修的常用方法有哪些？

◆ 咨询资料

一、钻床的结构

钻床主要是用钻头在工件上加工孔（如钻孔、扩孔、铰孔、攻丝、锪孔等）的机床。钻床是机械制造和各种修配工厂必不可少的设备。它的特点是工件固定不动，刀具做旋转运动，并沿主轴方向进给，操作方法可以是手动，也可以是机动。

钻床根据用途和结构主要分为以下几类：

1）立式钻床（见图2-1）。工作台和主轴箱可以在立柱上垂直移动，用于加工中小型工件。

2）台式钻床。简称台钻。一种小型立式钻床，最大钻孔直径为12～15mm，安装在钳工台上使用，多为手动进给，常用来加工小型工件的小孔等。

3）摇臂钻床。主轴箱能在摇臂上移动，摇臂能回转和升降，工件固定不动，适用于加工大而重和多孔的工件，广泛应用于机械制造中。

本次任务要求电动机能够在按钮与接触器的关联控制下完成点动运行，即按下按钮，电动机通电运行；松开按钮电动机脱离电源停止运行，如图2-2所示。其中用到的低压电器主要有按钮和接触器。

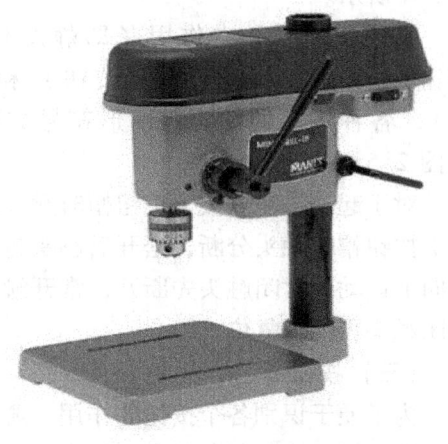

图2-1　立式钻床

二、按钮

> 想一想：1. 按钮由哪几部分组成？
> 2. 按钮接在主电路还是控制电路？
> 3. 画出起动按钮、停止按钮和复合按钮的图形符号。说出起动按钮、停止按钮和复合按钮的功能及所对应的颜色。

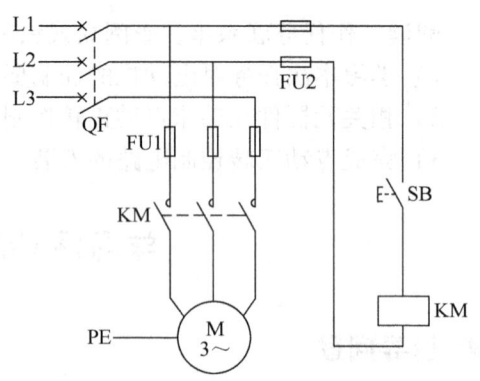

图 2-2 点动正转控制电路

（一）按钮的功能

按钮是用来短时接通或断开小电流回路的具有弹簧储能复位装置的手动开关，是一种最常用的主令电器。按钮的触头允许通过的电流较小，一般不超过 5A。因此，一般情况下它不直接控制主电路（大电流电路）的通断，而是在控制电路（小电流电路）中发出指令或信号，控制接触器、继电器等电器，再由它们去控制主电路的通断、功能转换或电气联锁。如图 2-3 所示为几款常用的按钮。

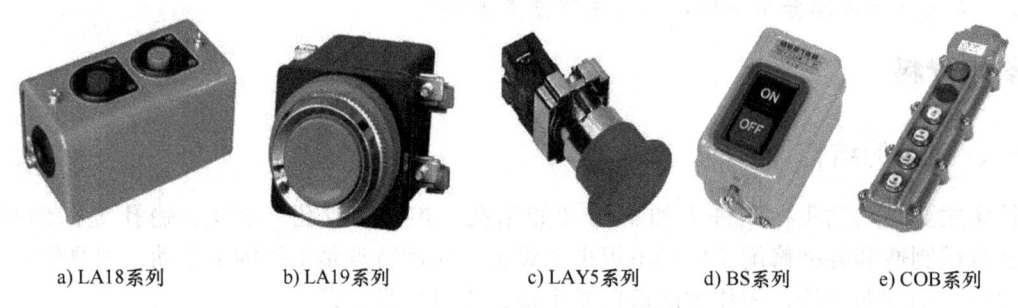

a) LA18系列　　b) LA19系列　　c) LAY5系列　　d) BS系列　　e) COB系列

图 2-3 几款常用的按钮

（二）按钮的结构原理与图形符号

按钮一般由按钮帽、复位弹簧、桥式动触头、静触头、支柱连杆及外壳等部分组成，如图 2-4 所示。

按钮按不受外力作用（即静态）时触头的分合状态，可分为起动按钮（即常开按钮）、停止按钮（即常闭按钮）和复合按钮（即常开、常闭触头组合为一体的按钮），各种按钮的结构与图形符号如图 2-4 所示。不同类型和用途的按钮的图形符号如图 2-5 所示。

对于起动按钮，按下按钮帽时触头闭合，松开后触头自动断开复位。停止按钮则相反，按下按钮帽时触头分断，松开后触头自动闭合复位。复合按钮是当按下按钮帽时，桥式动触头向下运动，常闭触头先断开，常开触头再闭合；当松开按钮帽时，常开触头先分断复位，常闭触头再闭合复位。

（三）按钮颜色的含义

为了便于识别各个按钮的作用，避免产生误操作，通常用不同的颜色和符号标志来区分按钮的作用。按钮颜色的含义见表 2-1。

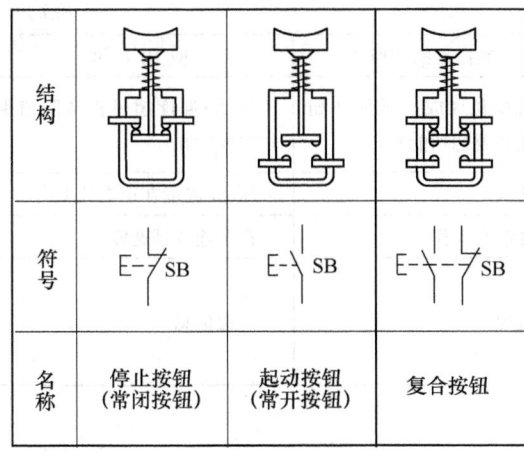

图 2-4 按钮的结构与图形符号

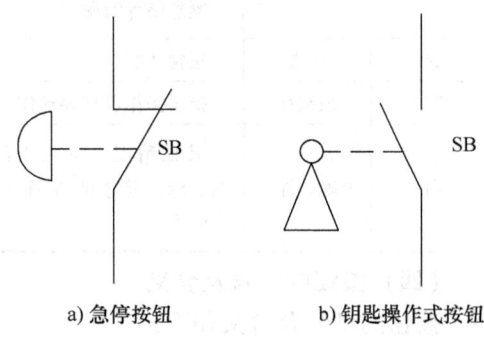

a) 急停按钮　　　　b) 钥匙操作式按钮

图 2-5 不同类型和用途的按钮的图形符号

光标按钮的颜色应符合表 2-1 及表 2-2 的要求。当难以选定适当的颜色时，应使用白色。急停操作件的红色不应依赖于其灯光的照明。

表 2-1　按钮颜色的含义

颜色	含义	说明	应用举例
红	紧急	危险或紧急情况时操作	急停
黄	异常	异常情况时操作	干预、制止异常情况 干预、重新起动中断了的自动循环
绿	安全	安全情况或为正常情况准备时操作	起动/接通
蓝	强制性	要求强制动作情况下的操作	复位功能
白	未赋予特定含义	除急停以外的一般功能的起动	起动/接通（优先） 停止/断开
灰			起动/接通 停止/断开
黑			起动/接通 停止/断开（优先）

注：如果用代码的辅助手段（如标记、形状、位置）来识别按钮操作件，则白、灰或黑同一颜色可用于标注各种不同功能（如白色用于标注起动/接通和停止/断开）。

表 2-2　指示灯的颜色及其相对于工业机械状态的含义

颜色	含义	说明	操作者的动作	应用示例
红	紧急	危险情况	立即动作去处理危险情况（如操作急停）	压力/温度超过安全极限电压降落击穿 行程超越停止位置

(续)

颜色	含义	说　　明	操作者的动作	应用示例
黄	异常	异常情况 紧急临界情况	监视和（或）干预（如重建需要的功能）	压力/温度超过正常限值保护器件脱扣
绿	正常	正常情况	任选	压力/温度在正常范围内
蓝	强制性	指示操作者需要动作	强制性动作	指示输入预选值
白	无确定性质	其他情况，可用于红、黄、绿、蓝色的应用有疑问时	监视	一般信息

（四）按钮的型号及含义

按钮的型号及含义如下：

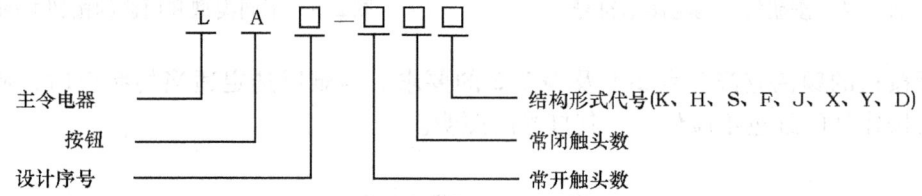

其中结构形式代号的含义如下：

K-开启式，适用于嵌装在操作面板上。

H-保护式，带保护外壳，可防止内部零件受机械损伤或人偶然触及带电部分。

S-防水式，具有密封外壳，可防止雨水侵入。

F-防腐式，能防止腐蚀性气体进入。

J-紧急式，带有红色大蘑菇钮头（突出在外），作紧急切断电源用。

X-旋钮式，用旋钮旋转进行操作，有通和断两个位置。

Y-钥匙操作式，用钥匙插入进行操作，可防止误操作或供专人操作。

D-光标按钮，按钮内装有信号灯，兼作信号指示。

（五）按钮的选择

1）根据使用场合和具体用途选择按钮的种类。例如：嵌装在操作面板上的按钮可选择开启式；需要显示工作状态的选择光标式；为防止无关人员误操作的重要场合宜选择钥匙操作式；在有腐蚀性气体处要选择防腐式。

2）根据工作状态指示和工作情况要求，选择按钮或指示灯的颜色。例如：起动按钮可选择白、灰或黑色，优先选择白色，也允许选择绿色。急停按钮应选择红色。停止按钮可选择黑、灰或白色，优先选择黑色，也允许选择红色。

3）根据控制电路的需要选择按钮的数量。如单联按钮、双联按钮和三联按钮等。

（六）按钮的安装与使用

1）按钮安装在面板上时，应布置整齐、排列合理，如根据电动机起动的先后顺序，从上到下或从左到右排列。

2）同一机床运动部件有几种不同的工作状态时（如上、下；前、后；松、紧等），应将每一对相反状态的按钮安装在一组。

3）按钮的安装应牢固，安装按钮的金属板或金属按钮盒必须可靠接地。

4）由于按钮的触头间距较小，如有油污等极易发生短路故障，所以应注意保持触头间的清洁。

5）光标按钮一般不宜用于需长期通电显示的场合，以免塑料外壳过度受热而变形，使更换灯泡困难。

LA10 系列按钮主要技术数据见表 2-3。

表 2-3　LA10 系列按钮主要技术数据

型号	形式	触头数量		额定电压、电流和控制容量	按钮	
		常开	常闭		钮数	颜色
LA10—1K	开启式	1	1		1	黑、或绿、或红
LA10—2K	开启式	2	2		2	黑、红或绿、红
LA10—3K	开启式	3	3		3	黑、绿、红
LA10—1H	保护式	1	1		1	或黑、或绿、或红
LA10—2H	保护式	2	2	电压：AC380V　DC220V	2	黑、红或绿、红
LA10—3H	保护式	3	3	电流：5A	3	黑、绿、红
LA10—1S	防水式	1	1	容量：AC300VA　DC60W	1	或黑、或绿、或红
LA10—2S	防水式	2	2		2	黑、红或绿、红
LA10—3S	防水式	3	3		3	黑、绿、红
LA10—1F	防腐式	1	1		1	或黑、或绿、或红
LA10—2F	防腐式	2	2		2	黑、红或绿、红
LA10—3F	防腐式	3	3		3	黑、绿、红

（七）按钮的常见故障及处理方法

按钮的常见故障及处理方法见表 2-4。

表 2-4　按钮的常见故障及处理方法

故障现象	可能原因	处理方法
触头接触不良	（1）触头烧损 （2）触头表面有尘垢 （3）触头弹簧失效	（1）修整触头或更换产品 （2）清洁触头表面 （3）重绕弹簧或更换产品
触头间短路	（1）塑料受热变形，导致接线螺钉相碰短路 （2）杂物或油污在触头间形成通路	（1）查明发热原因排除并更换产品 （2）清洁按钮内部

三、接触器

> 想一想：
> 1. 交流接触器由哪几部分组成？
> 2. 交流接触器各组成部分的作用是什么？试画出其图形和文字符号。
> 3. 仔细观察交流接触器动、静铁头有何不同？不同处的作用是什么？

低压开关、主令电器等电器,都是依靠手动直接操作来实现触头接通或断开电路的,属于非自动切换电器。但在电力拖动控制系统中,广泛应用一种自动切换电器——接触器来实现电路的自动控制,如图 2-6 所示为几款常用的交流接触器。

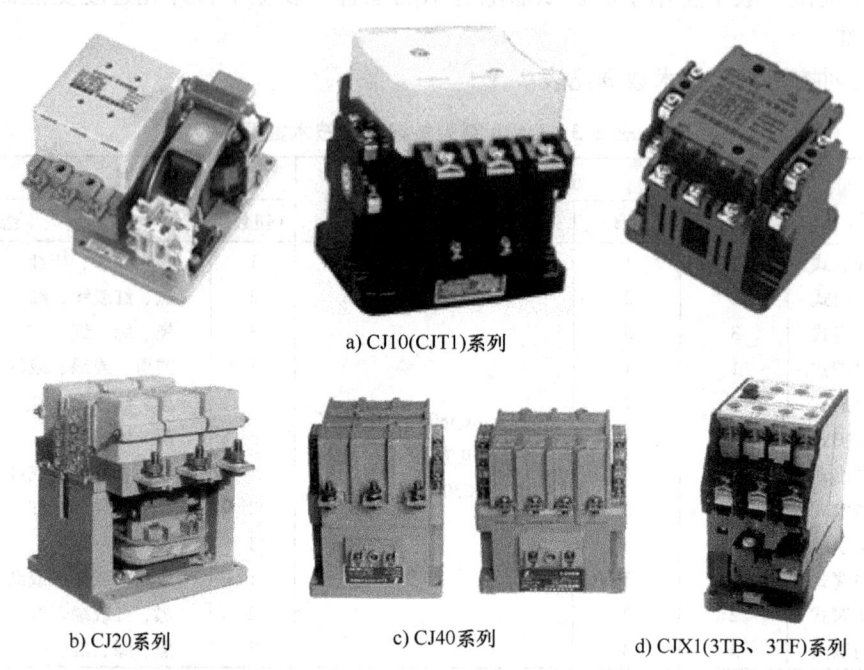

图 2-6　几款常用的交流接触器

接触器实际上是一种自动的电磁式开关。触头的通断不是由手动来控制,而是用电动操作。如图 2-7b 所示,电动机通过接触器主触头接入电源,接触器线圈与起动按钮串联后接入电源。按下起动按钮,线圈得电使静铁心被磁化产生电磁吸力,吸引动铁心带动主触头闭合接通电路;松开起动按钮,线圈失电,电磁吸力消失,动铁心在反作用弹簧(图 2-7b 中未画出)作用下释放,带动主触头复位切断电路。

接触器的优点是能实现远距离自动操作,具有欠电压和失电压自动释放保护功能,控制容量大、工作可靠、操作频率高、使用寿命长,适用于远距离地频繁接通和断开交直流主电路及大容量的控制电路。其主要控制对象是电动机,也可以用于控制电热设备、电焊机以及电容器组等其他负载,在电力拖动控制系统中得到了广泛应用。

接触器按主触头通过电流的种类不同,可分为交流接触器和直流接触器两类。

(一) 交流接触器

交流接触器的种类很多,空气电磁式交流接触器应用最为广泛,其产品系列、品种最多,结构和工作原理也基本相同。常用的有国产的 CJ10(CJT1)、CJ20 和 CJ40 等系列,以及引进国外先进技术生产的 CJX1(3TB 和 3TF)系列、CJX8(B)系列、CJX2 系列等。下面以 CJ10 系列为例来介绍一下交流接触器。

1. 交流接触器的型号及含义

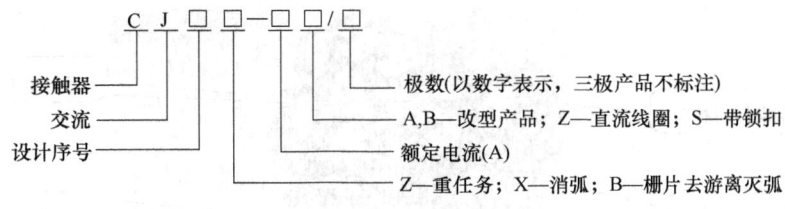

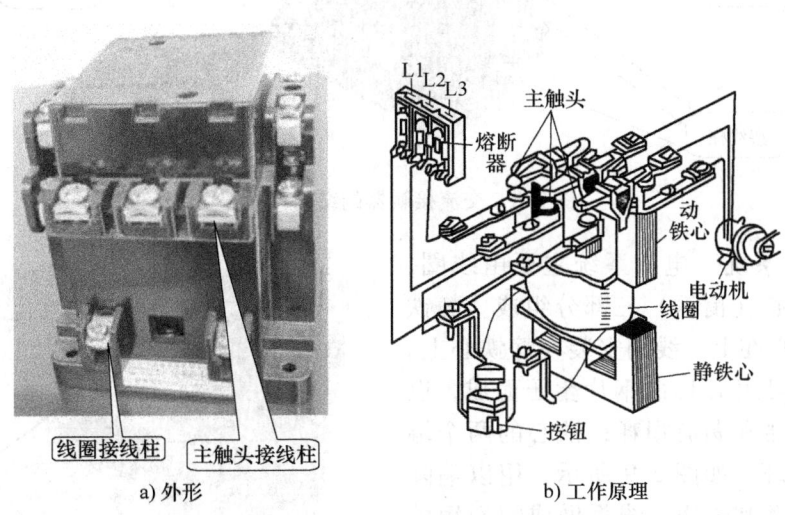

图 2-7 用接触器控制电动机运转

2. 交流接触器的结构和图形符号

交流接触器主要由电磁系统、触头系统、灭弧装置和辅助部件等组成。CJ10—20 型交流接触器的结构如图 2-8 所示。

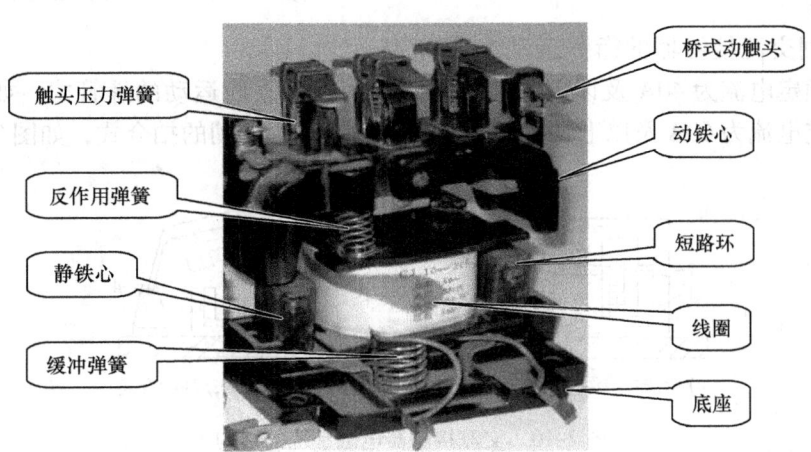

图 2-8 CJ10—20 型交流接触器的结构

图 2-8　交流接触器的结构（续）

（1）电磁系统　电磁系统主要由线圈、静铁心和动铁心（衔铁）三部分组成。静铁心在下，动铁心在上，线圈安装在静铁心上。动、静铁心一般用 E 形硅钢片叠压而成，以减少铁心的磁滞和涡流损耗；铁心的两个端面上嵌有短路环，如图 2-9 所示，用以消除电磁系统的振动和噪声；线圈做成粗而短的圆筒形，并且在线圈和铁心之间留有空隙，以增强铁心的散热效果。

交流接触器是利用电磁系统中线圈的通电或断电，使静铁心吸合或释放衔铁，从而带动动触头与静触头闭合或分断，实现电路的接通或断开。

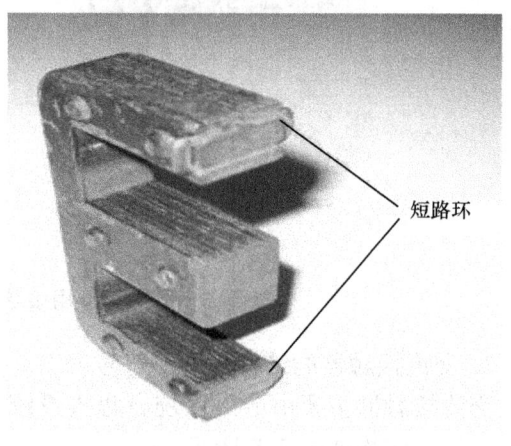

图 2-9　交流接触器铁心的短路环

CJ10 系列交流接触器的衔铁运动方式有两种，对于额定电流为 40A 及以下的接触器，采用衔铁直线运动的螺管式，如图 2-10a 所示；对于额定电流为 60A 及以上的接触器，采用衔铁绕轴转动的拍合式，如图 2-10b 所示。

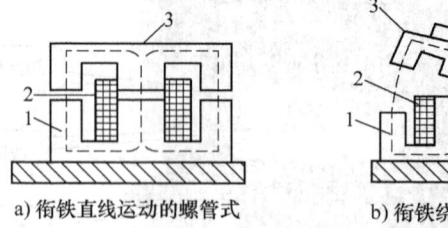

a) 衔铁直线运动的螺管式　　b) 衔铁绕轴转动的拍合式

图 2-10　交流接触器电磁系统的结构
1—静铁心　2—线圈　3—动铁心（衔铁）　4—轴

（2）触头系统　交流接触器的触头按接触情况可分为点接触式、线接触式和面接触式三种，如图 2-11 所示。

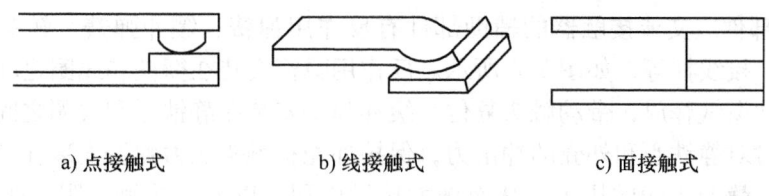

a) 点接触式　　　　b) 线接触式　　　　c) 面接触式

图 2-11　触头的三种接触形式

触头按结构形式可分为桥式触头和指形触头两种，如图 2-12 所示。CJ10 系列交流接触器的触头一般采用双断点桥式触头，其动触头用纯铜片冲压而成，在触头桥的两端镶有银基合金制成的触头块，以避免接触点由于氧化而影响其导电性能。静触头一般用黄铜板冲压而成，一端镶焊触头块，另一端为接线柱。在触头上装有压力弹簧片，用以减小接触电阻，并消除开始接触时产生的有害振动。

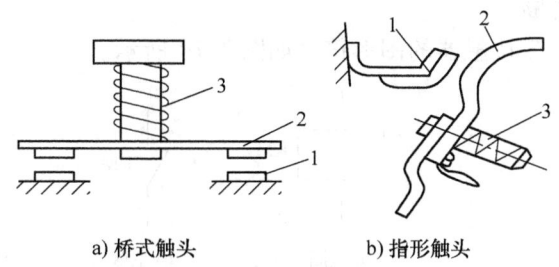

a) 桥式触头　　　b) 指形触头

图 2-12　触头的结构形式
1—静触头　2—动触头　3—触头压力弹簧

触头按通断能力可分为主触头和辅助触头。主触头用来通断电流较大的主电路，一般由三对常开触头组成。辅助触头用来通断较小电流的控制电路，一般由两对常开和两对常闭触头组成。触头的常开和常闭，是指电磁系统未通电动作时触头的状态。常开触头和常闭触头是联动的。当线圈通电时，常闭触头先断开，常开触头随后闭合，中间有一个很短的时间差。当线圈断电后，常开触头先恢复断开，常闭触头后恢复闭合，中间也存在一个很短的时间差。这个时间差虽然很短，但对分析电路的控制原理却很重要。

（3）灭弧装置　交流接触器在断开大电流或高电压电路时，会在动、静触头之间产生很强的电弧。电弧是触头间气体在强电场作用下产生的放电现象，它的产生一方面会灼伤触头，减少触头的使用寿命；另一方面会使电路的切断时间延长，甚至造成弧光短路引起火灾事故。因此触头间的电弧应尽快熄灭。

灭弧装置的作用是熄灭触头分断时产生的电弧，以减轻电弧对触头的灼伤，保证可靠地分断电路。交流接触器常用的灭弧装置有双断口结构的电动力灭弧装置、纵缝灭弧装置和栅片灭弧装置，如图 2-13 所示。对于容量较小的交流接触器，如 CJ10—10 型，一般采用双断口结构的电动力灭弧装置；CJ10 系列交流接触器额定电流在 20A 及以上的，常采用纵缝灭弧装置；对于容量较大的交流接触器，多采用栅片灭弧装置。

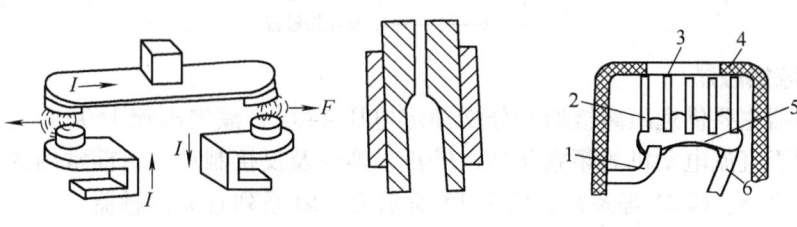

a) 双断口结构电动力灭弧装置　　b) 纵缝灭弧装置　　c) 栅片灭弧装置

图 2-13　常用的灭弧装置
1—静触头　2—短电弧　3—灭弧栅片　4—灭弧罩　5—电弧　6—动触头

（4）辅助部件　交流接触器的辅助部件有反作用弹簧、缓冲弹簧、触头压力弹簧、传动机构及底座、接线柱等，如图 2-8 所示。反作用弹簧安装在衔铁和线圈之间，其作用是线圈断电后，推动衔铁释放，带动触头复位；缓冲弹簧安装在静铁心和线圈之间，其作用是缓冲衔铁在吸合时对静铁心和外壳的冲击力，保护外壳；触头压力弹簧安装在动触头上面，其作用是增加动、静触头间的压力，从而增大接触面积，以减少接触电阻，防止触头过热损伤；传动机构的作用是在衔铁或反作用弹簧的作用下，带动动触头，实现与静触头的接通或分断。

接触器的图形符号如图 2-14 所示。

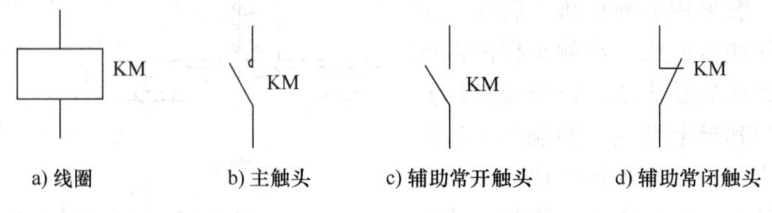

a) 线圈　　　b) 主触头　　　c) 辅助常开触头　　　d) 辅助常闭触头

图 2-14　接触器的图形符号

3. 交流接触器的工作原理

接触器的线圈通电后，线圈中的电流产生磁场，使静铁心磁化产生足够大的电磁吸力，克服反作用弹簧的反作用力将衔铁吸合，衔铁通过传动机构带动辅助常闭触头先断开，三对常开主触头和辅助常开触头后闭合；接触器线圈断电或电压显著下降时，由于铁心的电磁吸力或过小消失，衔铁在反作用弹簧力的作用下复位，带动各触头恢复到原始状态。

常用的 CJ10 等系列交流接触器在 85%～105% 倍的额定电压下，能保证可靠吸合。电压过高，磁路趋于饱和，线圈电流会显著增大。电压过低，电磁吸力不足，衔铁不能吸合，线圈电流会达到额定电流的十几倍，因此，电压过高或过低都会造成线圈过热而烧毁。

CJ10 系列交流接触器的替代产品是 CJT1 系列，适用于交流 50Hz（60Hz）、电压 380V，电流至 150A 的电力电路中，用于供远距离接通和分断电路，并适用于频繁地起动、停止和反转交流电动机。其型号及其含义如下：

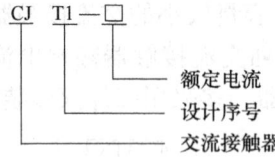

（二）直流接触器

直流接触器主要供远距离接通和分断额定电压 440V、额定电流 1600A 以下的直流电力电路，并适用于直流电动机的频繁起动、停止、换向及反接制动。目前常用的直流接触器有 CZ0、CZ17、CZ18、CZ21 等系列。图 2-15 所示为 CZ0 系列直流接触器。

1. 直流接触器的型号及含义

直流接触器的型号及含义如下：

学习任务二 小型立式钻床点动正转控制电路的安装与检修

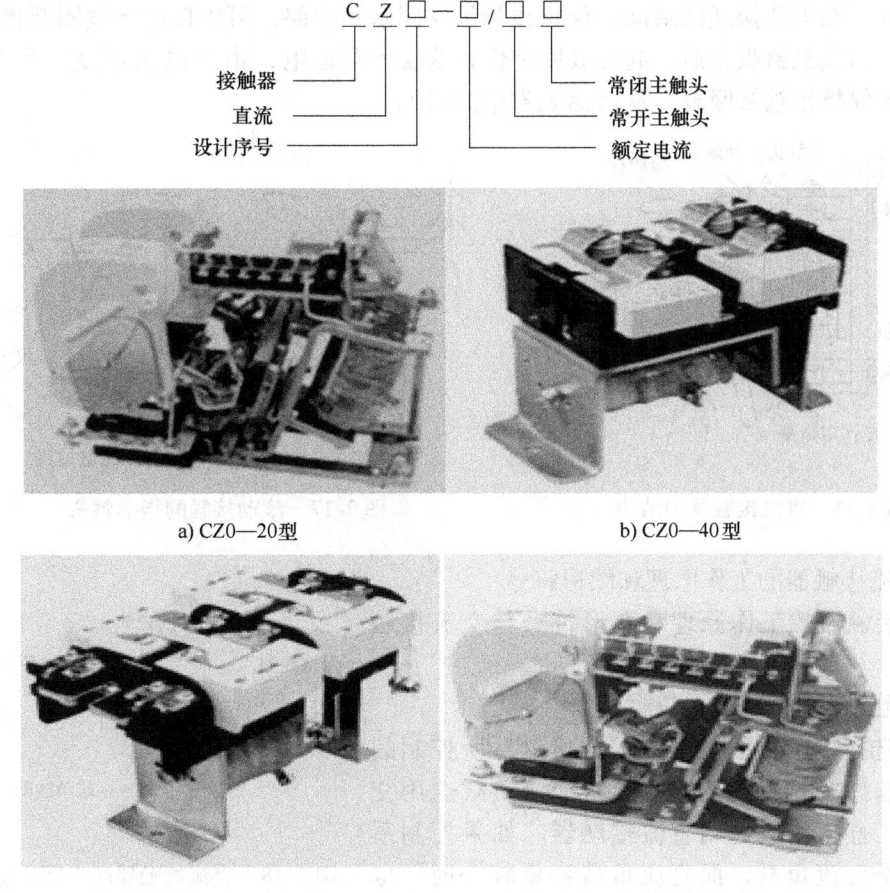

图 2-15 CZ0 系列直流接触器

2. 直流接触器的结构

直流接触器主要由电磁系统、触头系统和灭弧装置三大部分组成，其结构如图 2-16 所示。

（1）电磁系统　直流接触器的电磁系统由线圈、铁心和衔铁组成。由于线圈中通过的是直流电，铁心中不会产生涡流和磁滞损耗而发热，因此铁心可用整块铸钢或铸铁制成，铁心端面也不需要嵌装短路环。但在磁路中常垫有非磁性垫片，以减少剩磁影响，保证线圈断电后衔铁能可靠释放。另外，直流接触器线圈的匝数比交流接触器多，电阻值大，铜损耗大，所以接触器发热以线圈本身发热为主。为了使线圈散热良好，常常将线圈做成长而薄的圆筒形。

（2）触头系统　直流接触器触头也有主、辅之分。由于主触头接通和断开的电流较大，多采用滚动接触的指形触头，以延长触头使用寿命，如图 2-17 所示。辅助触头的通断电流小，多采用双断点桥式触头，可以有若干对触头。

（3）灭弧装置　直流接触器的主触头在分断较大的直流电流时，会产生强烈的电弧。由于直流电弧不像交流电弧那样有自然过零点，因此在同样电参数下，熄灭直流电弧比熄灭交流电弧要困难，直流接触器一般采用磁吹式灭弧装置并结合其他灭弧方法灭弧。

为了减小直流接触器运行时的线圈功耗，延长吸引线圈的使用寿命，对容量较大的直流接触器，其线圈往往采用串联双绕组，如图 2-18 所示。把接触器的一个辅助常闭触头与保持线圈并联，在电路接通的瞬间，保持线圈被常闭触头短路，可以使起动线圈获得较大的电流和吸力。当接触器吸合后，起动线圈和保持线圈串联通电，由于电压不变，所以电流较小，但仍可保持衔铁被吸合，从而达到省电的目的。

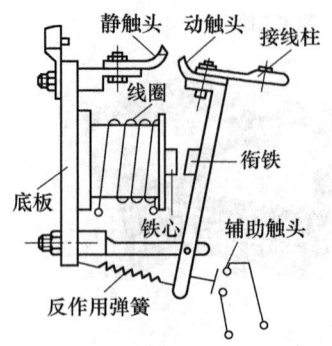

图2-16 直流接触器的结构

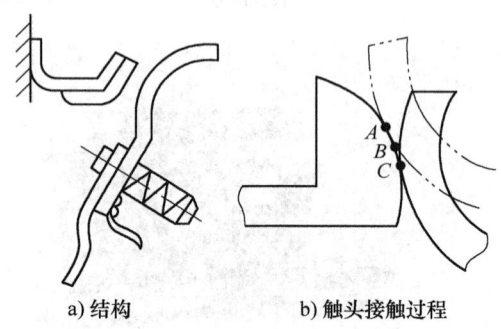

图2-17 滚动接触的指形触头

3. 直流接触器的工作原理和图形符号

直流接触器的工作原理和图形符号与交流接触器相同。

4. 接触器的选择

（1）选择接触器的类型 根据接触器所控制的负载性质选择接触器的类型。通常交流负载选用交流接触器，直流负载选用直流接触器。如果控制系统中主要是交流负载，而直流负载容量较小时，也可以用交流接触器控制直流负载，但触头的额定电流应适当选择大一些。

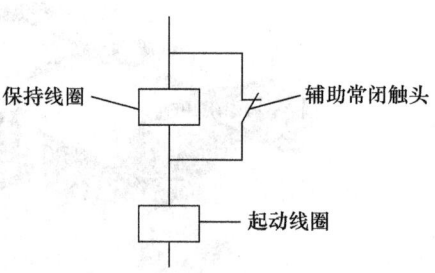

图2-18 直流接触器的串联双绕组线圈

交流接触器按负荷种类一般分为一类、二类、三类和四类，分别记为AC1、AC2、AC3和AC4。一类交流接触器的控制对象是无感或微感负荷，如白炽灯、电阻炉等；二类交流接触器用于控制绕线转子异步电动机的起动和停止；三类交流接触器的典型用途是笼型异步电动机的运行和运行中的分断；四类交流接触器用于笼型异步电动机的起动、反接制动、反转和点动。

（2）选择接触器主触头的额定电压 接触器主触头的额定电压应大于或等于所控制电路的额定电压。

（3）选择接触器主触头的额定电流 接触器主触头的额定电流应大于或等于负载的额定电流。控制电动机时，可按下列经验公式计算（仅适用于CJ10系列）：

$$I_C = \frac{P_N \times 10^3}{KU_N}$$

式中　K——经验系数，一般取 $1 \sim 1.4$；

P_N——控制电动机的额定功率（kW）；

U_N——控制电动机的额定电压（V）；

I_C——接触器主触头电流（A）。

如果接触器使用在频繁起动、制动及正反转的场合，应将接触器主触头的额定电流降低一个等级使用。

（4）选择接触器吸引线圈的额定电压　当控制电路简单、使用电器较少时，可直接选用 380V 或 220V 的电压。若电路较复杂、使用电器的个数超过 5 只时，可选用 36V 或 110V 电压的线圈，以保证安全。

（5）选择接触器触头的数量和种类　接触器的触头数量和种类应满足控制电路的要求。常用的 CJ10 系列和 CJ20 系列交流接触器的技术数据见表 2-5 和表 2-6。

表 2-5　CJ10 系列交流接触器的技术数据

型号	触头额定电压/V	主触头 额定电流/A	辅助触头 对数	辅助触头 额定电流/A	辅助触头 对数	线圈 电压/V	线圈 功率/V·A	可控制三相电机的最大功率/kW 220V	可控制三相电机的最大功率/kW 380V	操作频率/(次/h)
CJ10—10	380	10	3	5	2 常开 2 常闭	36	11	2.2	4	≤600
CJ10—20	380	20	3	5	2 常开 2 常闭	110	22	5.5	10	≤600
CJ10—40	380	40	3	5	2 常开 2 常闭	220	32	11	20	≤600
CJ10—60	380	60	3	5	2 常开 2 常闭	380	70	17	30	≤600

表 2-6　CJ20 系列交流接触器的技术数据

型号	极数	额定工作电压 U_N/V	约定发热电流 I_{th}/A	额定工作电流 I_N/A	额定操作频率/(次/h)	辅助触头 约定发热电流 I_{th}/A	辅助触头 触头组合
CJ20—10	3	220	10	10	1200	10	2 常开 2 常闭
CJ20—10	3	380	10	10	1200	10	2 常开 2 常闭
CJ20—10	3	660	10	5.8	600	10	2 常开 2 常闭
CJ20—16	3	220	16	16	1200	10	2 常开 2 常闭
CJ20—16	3	380	16	16	1200	10	2 常开 2 常闭
CJ20—16	3	660	16	13	600	10	2 常开 2 常闭
CJ20—25	3	220	32	25	1200	10	2 常开 2 常闭
CJ20—25	3	380	32	25	1200	10	2 常开 2 常闭
CJ20—25	3	660	32	16	600	10	2 常开 2 常闭
CJ20—40	3	220	55	40	1200	10	2 常开 2 常闭
CJ20—40	3	380	55	40	1200	10	2 常开 2 常闭
CJ20—40	3	660	55	25	600	10	2 常开 2 常闭
CJ20—63	3	220	80	63	1200	10	2 常开 2 常闭
CJ20—63	3	380	80	63	1200	10	2 常开 2 常闭
CJ20—63	3	660	80	40	600	10	2 常开 2 常闭
CJ20—100	3	220	125	100	1200	10	2 常开 2 常闭
CJ20—100	3	380	125	100	1200	10	2 常开 2 常闭
CJ20—100	3	660	125	63	600	10	2 常开 2 常闭
CJ20—160	3	220	200	160	1200	10	2 常开 2 常闭
CJ20—160	3	380	200	160	1200	10	2 常开 2 常闭
CJ20—160	3	660	200	100	600	10	2 常开 2 常闭
CJ20—160/11	3	1140	200	80	600	10	2 常开 2 常闭

（三）接触器的安装与使用

1. 安装前的检查

1）检查接触器铭牌与线圈的技术数据（如额定电压、电流、操作频率等）是否符合实际使用要求。

2）检查接触器的外观，应无机械损伤；用手推动接触器可动部分时，接触器应动作灵活，无卡阻现象；灭弧罩应完整无损，固定牢固。

3）将铁心极面上的防锈油脂或粘在极面上的铁垢用煤油擦净，以免多次使用后衔铁被粘住，造成断电后不能释放。

4）测量接触器的线圈电阻和绝缘电阻。

2. 接触器的安装

1）交流接触器一般安装在垂直面上，倾斜度不得超过5°；若有散热孔，则应将有孔的一面放在垂直方向上，以利于散热，并按规定留有适当的飞弧空间，以免飞弧烧坏相邻的电器。

2）安装和接线时，注意不要将零件失落或掉入接触器内部。安装孔的螺钉应装有弹簧垫圈和平垫圈，并拧紧螺钉以防振动松脱。

3）安装完毕，检查接线正确无误后，在主触头不带电的情况下操作几次，然后测量产品的动作值和释放值，所测数值应符合产品的规定要求。

（四）日常维护

1）对接触器作定期检查，观察螺钉有无松动，可动部分是否灵活等。

2）接触器的触头应定期清扫，保持清洁，但不允许涂油。当触头表面因灼伤作用形成金属小颗粒时，应及时清除。

3）拆装时注意不要损坏灭弧罩。带灭弧罩的接触器绝不允许不带灭弧罩或带破损的灭弧罩运行，以免发生电弧短路故障。

（五）接触器的常见故障及处理方法

接触器的常见故障及处理方法见表2-7。

表2-7 接触器常见故障及处理方法

故障现象	可能原因	处理方法
吸合不上或吸合不牢（即触头已闭合而铁心尚未完全吸合）	(1) 电源电压太低或波动过大 (2) 操作电路电源容量不足或发生断线、配线错误及触头接触不良 (3) 线圈技术参数与使用条件不符 (4) 产品本身受损 (5) 触头弹簧压力过大	(1) 调高电源电压 (2) 增加电源容量，更换电路，修理控制触头 (3) 更换线圈 (4) 更换新品 (5) 按要求调整触头参数
不释放或释放缓慢	(1) 触头弹簧压力过小 (2) 触头熔焊 (3) 机械可动部分被卡住，转轴生锈或歪斜 (4) 反力弹簧损坏 (5) 铁心极面有油垢或尘埃粘着 (6) 铁心磨损过大	(1) 调整触头参数 (2) 排除熔焊故障，更换触头 (3) 排除卡住现象，修理受损零件 (4) 更换反力弹簧 (5) 清理铁心极面 (6) 更换铁心

（续）

故障现象	可能原因	处理方法
电磁铁（交流）噪声大	（1）电源电压过低 （2）触头弹簧压力过大 （3）短路环断裂 （4）铁心极面有污垢 （5）磁系统歪斜或机械卡住，使铁心不能吸平 （6）铁心极面过度磨损而不平	（1）提高操作电路电压 （2）调整触头弹簧压力 （3）更换短路环 （4）清除铁心极面 （5）排除机械卡住的故障 （6）更换铁心
线圈过热或烧坏	（1）电源电压过高或过低 （2）线圈技术参数与实际使用条件不符 （3）操作频率过高 （4）线圈匝间短路	（1）调整电源电压 （2）调换线圈或接触器 （3）选择其他合适的接触器 （4）排除短路故障，更换线圈
触头灼伤或熔焊	（1）触头压力过小 （2）触头表面有金属颗粒异物 （3）操作频率过高，或工作电流过大，断开容量不够 （4）长期过载使用 （5）负载侧短路	（1）调高触头弹簧压力 （2）清理触头表面 （3）调换容量较大的接触器 （4）调换合适的接触器 （5）排除短路故障，更换触头

练习检测前面所介绍的各元器件，并填写下面的表格。

元器件名称	符　号	测量方法	测　量　值	判断好坏

四、点动正转控制电路的工作原理

手动正转控制电路的优点是所用元器件少，电路简单，缺点是操作劳动强度大，安全性差，并且不便于实现远距离控制和自动控制。如操作人员在快速移动车床刀架时，按下按钮，刀架就快速移动；松开按钮，刀架立即停止移动。刀架快速移动采用的是一种点动控制电路，它是通过按钮和接触器来实现电路控制的。

如图2-19所示为点动正转控制电路，它是用按钮、接触器来控制电动机运转的最简单的正转控制电路，其中图 2-19a 为模拟配电盘，图 2-19b 是电路图，图 2-19c 是布置图，图 2-19d 是接线图。生产机械电气控制电路常用电路图、布置图和接线图来表示。

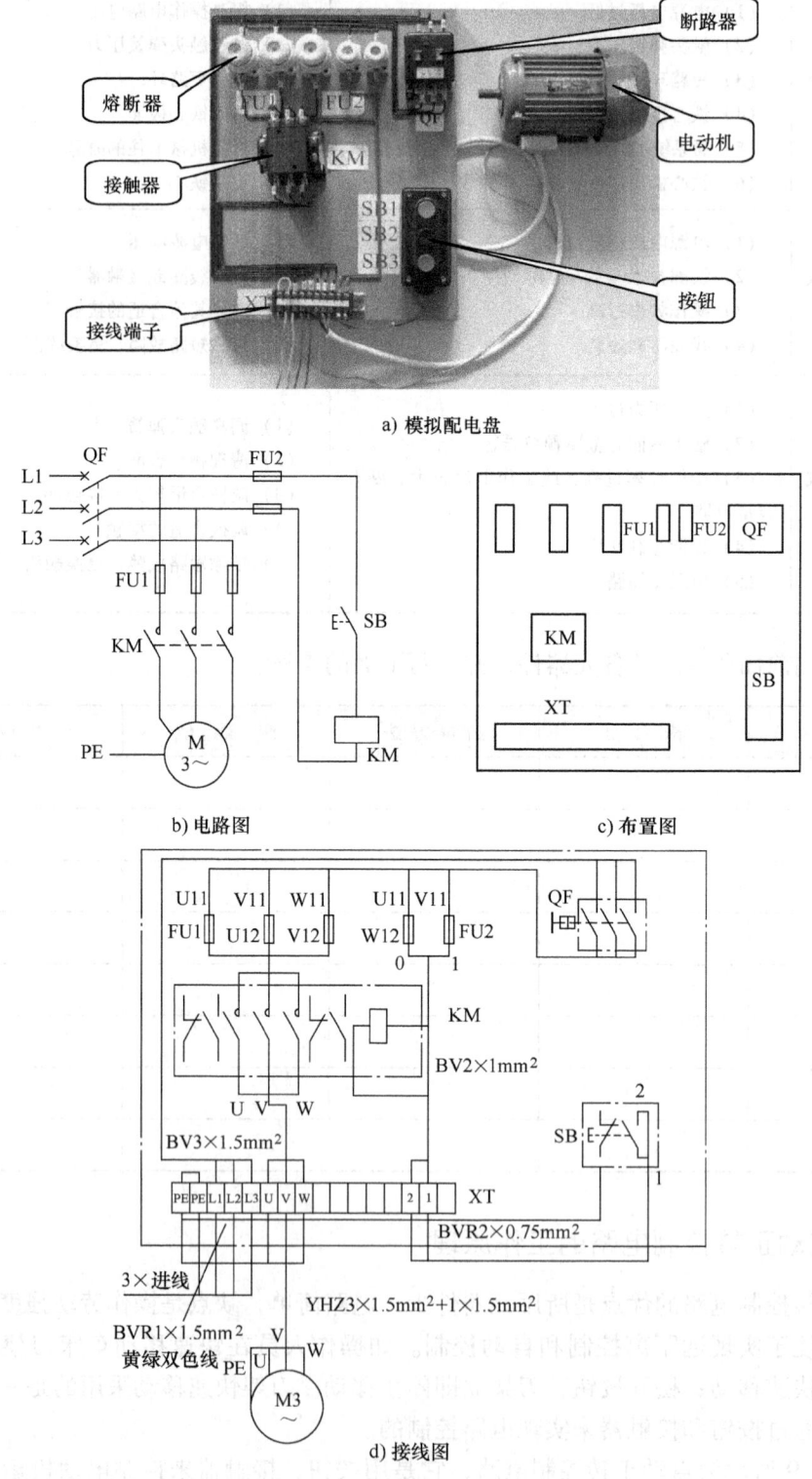

图 2-19 点动正转控制电路

由图 2-19b 所示的电路图可以看出，三相交流电源 L1、L2、L3 与低压断路器 QF 构成电源电路；熔断器 FU1、接触器 KM 主触头和三相异步电动机 M 构成主电路；由熔断器 FU2、起动按钮 SB 和接触器 KM 的线圈组成的电路称为控制电路。显然，合上低压断路器 QF，电动机 M 不能得电起动运转，只有再按下起动按钮 SB，使接触器 KM 线圈通电，KM 主触头闭合，才能使电动机 M 得电起动运转。松开 SB，KM 线圈断电，其主触头断开复位，电动机断电停转。可见，电动机的运转不再由低压开关手动直接控制，而是由按钮、接触器配合实现自动控制。

这种按下按钮，电动机得电运行；松开按钮，电动机断电停转的控制方法，称为点动控制。电动葫芦的起重电动机和车床拖板箱快速移动电动机都采用点动控制方式。

低压断路器 QF 作电源隔离开关；熔断器 FU1、FU2 分别用做主电路、控制电路的短路保护；起动按钮 SB 控制接触器 KM 的线圈得电与失电；接触器 KM 的主触头控制电动机 M 的起动和停止。

根据电路图，点动正转控制电路的工作原理可叙述为：

［起动］：按下 SB（先合上电源开关 QF）→KM 线圈得电→KM 主触头闭合→电动机 M 起动运转

［停止］：松开 SB→KM 线圈失电→KM 主触头分断→电动机 M 断电停转

停止使用时，断开电源开关 QF。

五、安全要求

1）为保证人身安全，通电校验时，要认真执行安全操作规程的有关规定，一人监护，一人操作。校验前，应检查与通电校验有关的电气设备是否有不安全的因素存在，若查出应立即整改，然后方能试运行。

2）通电试运行前，必须征求老师的同意，并由指导老师接通三相电源 L1、L2、L3，同时在现场监护试运行。

3）试运行成功后学生合上电源开关 QF。

4）如果出现故障，学生应独立进行检修。若需带电检查，老师必须在现场监护。检修完毕后，如需要再次试运行，老师也应该在现场监护，并做好记录。

5）通电校验完毕，切断电源。

六、故障分析与检修

以小组为单位，各个小组在配电盘上互相设置故障。

1）写出故障现象。
2）根据故障现象初步判断故障原因及范围。
3）利用仪表排查缩小故障范围并确定故障点。
4）排除故障并通电试运行。
5）设置故障点不得超过 3 处。
6）写好故障检修记录。

1. 查找故障点的常用方法

检修过程的重点是判断故障范围和确定故障点。测量法是维修电工工作中用来准确确定故障点的一种行之有效的检查方法。常用的测量工具和仪表有校验灯、验电器、万用表、钳形电流表、绝缘电阻表等，是通过对电路进行带电或断电时的有关参数如电压、电阻、电流等的测量，来判断元器件的好坏、设备的绝缘情况及电路的通断情况等。

2. 用测量法确定故障点

利用电工工具和仪表对电路进行带电或断电测量，常用的方法有电压测量法和电阻测量法；在检查故障点时，有时也用到短接法。

（1）电压测量法　测量检查时，首先把万用表的转换开关置于交流电压 500V 的挡位上，然后按如图 2-20 所示的方法进行测量。接通电源，若按下起动按钮 SB1 时，接触器 KM 不吸合，则说明控制电路有故障。

检测时，在松开按钮 SB1 的条件下，先用万用表测量 0 和 1 两点之间的电压，若电压为 380V，则说明控制电路的电源电压正常；然后，把黑表笔接到 0 点上，红表笔依次接到 2、3 各点上分别测量出 0-2、0-3 两点间的电压，若电压均为 380V，再把黑表笔接到 1 点上，红表笔接到 4 点上，测量出 1-4 两点间的电压。根据其测量结果即可找出故障点，见表 2-8。表中符号"×"表示不需要再测量。

表 2-8　电压测量法查找故障点

故障现象	0-2	0-3	1-4	故障点
按下 SB1 时，接触器 KM 线圈不吸合	0	×	×	FR 常闭触头接触不良
	380V	0	×	SB2 常闭触头接触不良
	380V	380V	0	KM 线圈断路
	380V	380V	380V	SB1 接触不良

（2）电阻测量法　测量检查时，按如图 2-21 所示的方法进行测量。

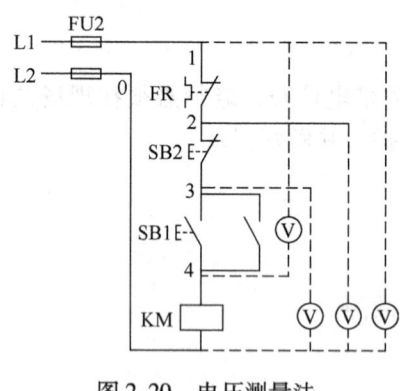

图 2-20　电压测量法

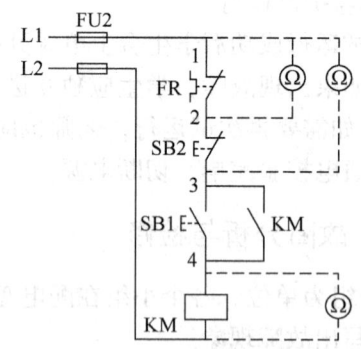

图 2-21　电阻测量法

接通电源，若按下起动按钮 SB1 时，接触器 KM 不吸合，则说明控制电路有故障。

检测时，首先切断电路的电源，用万用表依次测量出 1-2、1-3、0-4 两点间的电阻值。根据其测量结果可找出故障点，见表 2-9。

表 2-9 电阻测量法查找故障点

故障现象	1-2	1-3	0-4	故 障 点
按下 SB1 时，KM 线圈不吸合	∞	×	×	FR 常闭触头接触不良
	0	∞	×	SB2 常闭触头接触不良
	0	0	∞	KM 线圈断路
	0	0	R	SB1 接触不良

注：R 为接触器 KM 线圈的电阻值。

以上方法是用测量法查找确定控制电路的故障点，电路的故障点的查找方法结合图 2-19d 说明如下：

1）测量接触器电源端的 U12-V12、U12-W12、W12-V12 之间的电压，看是否均为 380V。若是，说明 U12、V12、W12 三点至电源无故障，可进行第二步测量。否则存在故障，可再测量 U11-V11、U11-W11、W11-V11 直到 L1-L2、L2-L3、L3-L1 发现故障。

2）断开主电路电源，用万用表的电阻挡（一般选 R×10 以上挡位）测量接触器负载端 U13-V13、U13-W13、W13-V13 之间的电阻，若电阻均较小（电动机定子绕组的直流电阻），说明 U13、V13、W13 三点至电动机无故障，可判断为接触器主触头有故障。否则存在故障，可再测量 U-V、U-W、W-V 到电动机接线端子处的电阻，直到发现故障。

3）根据故障点的不同情况，采用正确的维修方法排除故障。

4）检修完毕，进行通电空载校验或局部空载校验。

5）校验合格，通电正常运行。

在用测量法检查故障点时，一定要保证测量工具和仪表完好，使用方法正确，还要注意防止感应电、回路电及其他并联支路的影响，以免产生误判断。下面介绍的是短接法。

(3) 短接法 用一根绝缘良好的导线，把所怀疑的断路部位短接，如短接过程中电路被接通，说明该处断路。这种方法是检查电路断路故障的一种简单可靠的方法。

1）局部短接法。用短接法检查故障，如图 2-22 所示，按下起动按钮 SB2，若 KM1 不吸合，说明电路有故障。检查前，先用万用表测量 1-0 两点间的电压，若电压正常，可按下 SB2 不放，然后用一根绝缘良好的导线分别短接标号相邻的两点 1-2、2-3、3-4、4-5、5-6（注意绝对不能短接 6-0 两点，否则会造成电源短路），当短接到某两点时，接触器 KM1 动作，即说明故障点在该两点之间，见表 2-10。

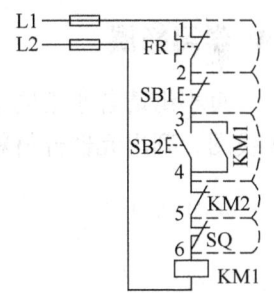

图 2-22 局部短接法

表 2-10 用局部短接法查找故障点

故障现象	测试状态	短接点标号	电路状态	故 障 点
按下 SB2，KM1 不吸合	按下 SB2	1-2	KM1 吸合	FR 常闭触头接触不良或误动作
		2-3	KM1 吸合	SB1 触头接触不良
		3-4	KM1 吸合	SB2 触头接触不良
		4-5	KM1 吸合	KM2 常闭触头接触不良
		5-6	KM1 吸合	SQ 触头接触不良

2）长短接法。长短接法是一次短接两个或两个以上触头来检查故障的方法，用长短接法检查故障如图2-23所示。

在图2-23所示电路中，当FR的常闭触头和SB1的常闭触头同时接触不良时，若用局部短接法短接1-2点，按下SB2，KM1仍不能吸合，则可能造成判断错误。而用长短接法将1-6两点短接，如果KM1吸合，则说明1-6这段电路上有断路故障，然后再用局部短接法逐段找出故障点。

长短接法的另一个作用是可把故障范围缩小到一个较小的范围。例如，先短接3-6两点，如果KM1不吸合，再短接1-3两点，KM1吸合，说明故障在1-3范围内。可见，将长短接法和局部短接法结合使用，很快就能找出故障点。

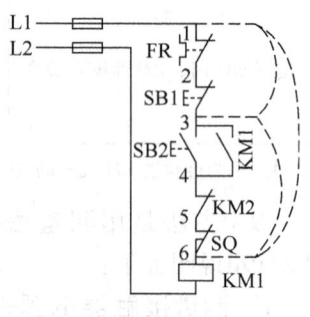

图2-23 长短接法

在实际检修中，机床电气故障是多种多样的，即使是同一种故障现象，发生的故障部位也是不同的。因此，采用以上故障检修步骤和方法时，不要生搬硬套，应根据故障性质和具体情况灵活应用，各种方法可交叉使用，力求迅速、准确地找出故障点。

（4）故障修复及注意事项　查找出电气设备的故障点后，要着手进行修复、试运行和记录等，然后交付使用。在此过程中应注意以下几点：

1）在找出故障点和修复故障时，应注意不要把找出的故障点作为寻找故障的终点，还必须进一步分析查明产生故障的根本原因，避免类似故障再次发生。

2）在故障的修复过程中，一般情况下应尽量做到复原。

3）每次修复故障后，应及时总结经验，并做好维修记录，作为档案以备日后维修时参考。

◆ 学习拓展

每小组请各小组同学通过多媒体、网络收集资料，画出正反转控制电路的电路图、安装接线图，列出元器件材料清单，完成电路安装。每小组请同学展示，并说明电路的作用。

学习活动三　制订工作计划

根据任务要求，结合现场勘查掌握的实际情况及任务实施的基本步骤，制订小组工作计划，并对小组成员进行分工。

（一）小组成员分工表

姓　名	分　工

（二）工具、材料清单

序　号	名　　称	型号规格	单　位	数　量

（三）工序及工期安排

序　号	工作内容	完成时间	备　注

注：根据任务要求，此任务应先拆除旧电路，再安装新电路。

（四）安全防护措施

1）电源管理，如果维修时间较长，必须将设备与电源隔离，电源开关断开后，粘贴三角形红色提醒标志。

2）接地保护，将机床外壳与接地线连接或重复接地。

学习活动四　任 务 实 施

施工步骤、板前明线布线工艺要求、自检提示、通电试运行提示，可参照学习任务一中的相关内容。

◆ 故障检查修复记录

检修步骤	过程记录
观察到的故障现象	
分析故障现象原因	
确定故障范围，找到故障点	
排除故障	

◆ 项目验收

1. 项目验收表

_____公司维修工作任务联系单

报修部门		报修时间		年 月 日 时
设备名称		设备型号/编号		/
报修人		联系电话		
维修部门负责人		联系电话		
质量评价				
验收意见				
验收人		日期		年 月 日
维修人		日期		年 月 日

2. 评分表

评价内容		分 值	评 分		
			自评	组评	师评
元器件定位安装	安装方法与步骤均正确,符合工艺要求				
	元器件安装美观、整洁				
布线	按电路图正确接线				
	布线方法与步骤均正确,符合工艺要求				
	布线横平、竖直、整洁有序,接线整洁美观				
	接点牢固、接头露铜长度适中,无反圈、压绝缘层、标记不清楚、标记号遗漏或误标等问题				
	施工中导线绝缘层或线芯无损伤				
通电试车	正常运行无故障				
	出现故障正常排除				
安全文明生产	遵守安全文明生产规程				
	施工完成后认真清理现场				
施工额定用时: 实际用时: 超时扣分:					
合计					

学习活动五 总结评价

◆ **综合评价表**

评价项目	评价内容	评价标准	评价主体		
			自我	同学	教师
职业素养	安全意识 责任意识	A. 作风严谨、自觉遵守纪律、出色完成工作任务 B. 能够遵守规章制度，较好完成工作任务 C. 遵守规章制度，没完成工作任务 D. 不遵守规章制度，没完成工作任务			
	学习态度	A. 积极参与学习活动，全勤 B. 缺勤达到任务总学时的10% C. 缺勤达到任务总学时的20% D. 缺勤达到任务总学时的30%			
	团队合作	A. 与同学协作融洽，团队合作意识强 B. 与同学能沟通，协同工作能力较强 C. 与同学能沟通，协同工作能力一般 D. 与同学沟通困难，协同工作能力较差			
专业能力	学习活动1 明确工作任务	A. 学习活动评价成绩为90~100分 B. 学习活动评价成绩为75~89分 C. 学习活动评价成绩为60~74分 D. 学习活动评价成绩为0~59分			
	学习活动2 相关知识学习	A. 学习活动评价成绩为90~100分 B. 学习活动评价成绩为75~89分 C. 学习活动评价成绩为60~74分 D. 学习活动评价成绩为0~59分			
	学习活动3 制订计划	A. 学习活动评价成绩为90~100分 B. 学习活动评价成绩为75~89分 C. 学习活动评价成绩为60~74分 D. 学习活动评价成绩为0~59分			
	学习活动4 任务实施	A. 学习活动评价成绩为90~100分 B. 学习活动评价成绩为75~89分 C. 学习活动评价成绩为60~74分 D. 学习活动评价成绩为0~59分			
创新能力		学习过程中提出具有创新性、可行性的建议		加分	
班级		姓名		综合评价等级	

课后思考

一、填空题

1. 在实际工作中，（　　　　）布置图和（　　　　　）要结合起来使用。
2. 直流接触器主要由（　　　　　）、触头系统和（　　　　　）三大部分组成。
3. 电路图一般分电源电路、（　　　　　）和（　　　　　）三部分绘制。
4. 接触器按主触头通过的电流种类可分为（　　　　　）和（　　　　　）两类。
5. 交流接触器主要由电磁系统、（　　　　　）、（　　　　　）、辅助部件等组成。
6. 交流接触器触头常见的故障有触头过热、（　　　　　）及（　　　　　）。

二、判断题

（　　）1. 接触器的常开触头和常闭触头是同时动作的。
（　　）2. 常闭按钮常作停止按钮使用。
（　　）3. 流过主电路和辅助电路中的电流相等。
（　　）4. 接触器触头的常开和常闭是指电磁系统未通电动作前触头的状态。
（　　）5. 按下复合按钮时，其常开触头和常闭触头同时动作。
（　　）6. 按钮既可以在控制电路中发出指令或信号，去控制接触器、继电器等电器，也可直接控制主电路的通断。
（　　）7. 当按下起动按钮然后再松开时，其常开触头一直处于闭合接通状态。

三、单项选择题

（　　）1. 常开按钮只能（　　　　）。
　　　　A. 接通电路　　　　B. 断开电路　　　　C. 接通或断开电路
（　　）2. 接触器的主触头一般由三对常开触头组成，用以通断（　　　　）。
　　　　A. 电流较小的控制电路
　　　　B. 电流较大的主电路
　　　　C. 控制电路和主电路
（　　）3. 主电路的编号在电源开关的出线端按相序依次为（　　　　）。
　　　　A. U、V、W　　　　B. L1、L2、L3　　　　C. U11、V11、W11
（　　）4. 交流接触器一般安装在垂直面上，倾斜度不得超过（　　　　）。
　　　　A. 15°　　　　B. 10°　　　　C. 5°
（　　）5. 常闭按钮只能（　　　　）。
　　　　A. 接通电路　　　　B. 断开电路　　　　C. 接通或断开电路
（　　）6. 接触器的辅助触头一般由两对常开触头和两对常闭触头组成，用以通断（　　　　）。
　　　　A. 电流较小的控制电路
　　　　B. 电流较大的主电路
　　　　C. 控制电路和主电路

四、名词解释

1. 电力拖动
2. 分断能力

3. 点动控制
4. 低压开关
5. 按钮

五、作图题

1. 画出点动正转控制电路，并说明工作原理。
2. 画出点动正转控制电路接线图。

学习任务三

通风机接触器自锁正转控制电路的安装与检修

学习目标：

1. 能通过阅读工作任务联系单和现场勘察，明确任务要求。
2. 能掌握通风机的结构组成、运动形式、控制原理和主要用途。
3. 能识别和选用元器件，按图样、工艺要求、安全规程等要求，安装元器件，连接电路。
4. 能用仪表检测电路安装的正确性，按照安全操作规程正确通电试运行，然后按照要求清理施工现场，标注控制功能的铭牌标签。

工作情景描述：

在实际生产中，有的生产机械需要连续工作运行，如：工厂电焊车间的工人师傅在作业时，需要通风机连续运行才能完成排除有害气体的目的。因此，本次任务是学习并安装三异异步电动机的接触器自锁正转控制电路。

学习活动一　明确工作任务

<u>　　　　　　　</u>公司维修工作任务联系单

报修部门		报修时间	年　月　日　时
设备名称		设备型号/编号	/
报修人		联系电话	
故障现象			
故障排除记录			
解决方法			
维修时间		计划工时	
维修人		日期	年　月　日　时

学习任务三　通风机接触器自锁正转控制电路的安装与检修

阅读工作任务联系单，查阅砂轮机的相关资料，回答下列问题：
1）通风机一般应用在哪些工作环境下？
2）通风机的作用是什么？运动形式是怎样的？
3）通风机接触器自锁正转控制电路中提供相应电气保护的元器件结构和原理是怎样的？
4）通风机接触器自锁正转控制电路常见电气故障原因有哪些？在施工中如何避免？

学习活动二　学习相关知识

◆ **引导问题**

1）电焊车间常用的通风机的作用是什么？其结构是怎样的？它对电动机的拖动要求是怎样的？
2）分析接触器自锁正转控制电路的工作原理，并写出电气原理图中的电路符号的名称。
3）本次任务需要对电动机提供哪些电气保护？分别由哪些元器件提供相应的保护功能？
4）分析具有过载保护的接触器自锁正转控制电路的工作原理。
5）根据具有过载保护的接触器自锁正转控制电路的电气原理图画出安装接线图。

◆ **咨询资料**

一、风机

风机是我国对气体压缩和气体输送机械的习惯简称，是依靠输入的机械能，提高气体压力并排送气体的机械，是一种从动的流体机械。通常所说的风机包括通风机、鼓风机、压缩机、罗茨鼓风机、离心式风机、回转式风机、水环式风机，但不包括活塞压缩机等容积式鼓风机和压缩机。气体压缩和气体输送机械是把旋转的机械转换为气体压力能和动能，并将气体输送出去的机械。

图 3-1　风机

风机（见图 3-1）主要由风叶、百叶窗、开窗机构、电动机、带轮、进风罩、内框架、机壳、安全网等部件组成。开机时由电动机驱动风叶旋转，并使开窗机构打开百叶窗排风；停机时百叶窗自动关闭。

由此可见，通风机对电动机的拖动要求是能够持续得电运行。

二、接触器自锁正转控制电路

分析图 3-2 所示电路的工作原理。

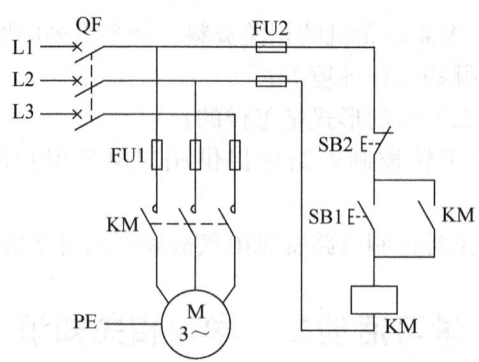

图 3-2 接触器自锁正转控制电路

【接触器自锁正转控制电路】

比较点动控制电路和接触器自锁控制电路得知，两电路的主电路相同，但控制电路不同。在接触器自锁控制电路中串联了一个停止按钮 SB2，在起动按钮 SB1 的两端并联了接触器 KM 的一对辅助常开触头。

电路的工作原理如下：

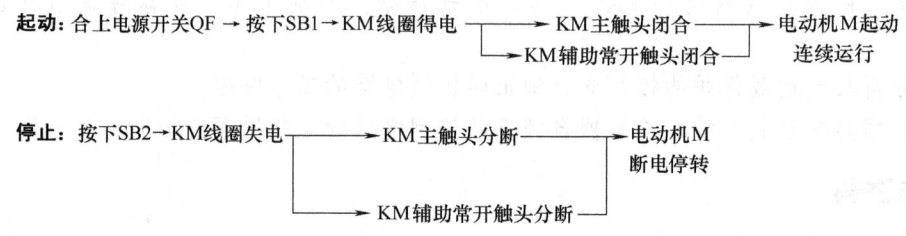

通过以上分析，当松开起动按钮 SB1 后，SB1 的常开触头虽然恢复分断，但接触器 KM 的辅助常开触头闭合时已将 SB1 短接，使控制电路仍保持接通，接触器 KM 继续得电，电动机 M 实现了连续运行。

这种当松开起动按钮后，接触器通过自身的辅助常开触头使其线圈保持得电的作用叫做自锁。与起动按钮并联起自锁作用的辅助常开触头叫做自锁触头。而这样的控制电路叫做接触器自锁控制电路。

按下停止按钮 SB2 切断控制电路时，接触器 KM 断电，其自锁触头已分断解除了自锁，而这时 SB1 也是分断的，所以当松开 SB2 其常闭触头恢复闭合后，接触器也不会自行得电，电动机也就不会自行重新起动运行了。

（一）失电压、欠电压保护

在一些具有电动机拖动的大型设备中，如果电动机因电源故障造成脱离电源停止运行，待电源恢复正常时，也不允许电动机自行得电工作，以避免出现威胁人身安全的事故发生。此时就要求电动机控制电路具有失电压、欠电压保护的功能。

1. 欠电压保护

欠电压是指电路电压低于电动机应施加的额定电压。欠电压保护是指当电路电压下降到某一数值时，电动机能自动脱离电源停转，避免电动机在欠电压下运行的一种保护。

接触器自锁控制电路就具有欠电压保护功能。因为当电路电压下降到一定值（一般指低于额定电压 85% 以下）时，接触器线圈两端的电压也同样下降到此值，使接触器线圈磁通减弱，产生的电磁吸力减小。当电磁吸力减小到小于反作用弹簧的拉力时，动铁心被迫释放，主触头和自锁触头同时分断，自动切断主电路和控制电路，电动机失电停转，起到了欠电压保护的作用。

2. 失电压（或零电压）保护

失电压保护是指电动机在正常运行时，由于外界某种原因引起突然断电时，能自动切断电动机电源；当重新供电时，保证电动机不能自行起动的一种保护。接触器自锁控制电路也可实现失电压保护作用。因为接触器自锁触头和主触头在电源断电时已经分断，使控制电路和主电路都不能接通，所以在电源恢复供电时，电动机就不会自行起动运转，保证了人身和设备的安全。

（二）过载保护

电动机在运行的过程中，如果长期运行、负载过大、起动操作频繁，或断相运行，都可能使电动机定子绕组中的电流增大，超过其额定值。而在这种情况下，熔断器往往并不熔断，从而引起定子绕组过热，使温度持续升高。若温度超过允许温升，就会造成绝缘损坏，缩短电动机的使用寿命，严重时甚至会烧毁电动机的定子绕组。因此，对电动机必须采取过载保护措施。

热继电器是利用流过继电器的电流所产生的热效应而反时限动作的自动保护电器。所谓反时限动作，是指电器的延时动作时间随通过电路电流的增加而缩短。热继电器主要与接触器配合使用，用作电动机的过载保护、断相保护、电流不平衡运行的保护及其他电气设备发热状态的控制。

热继电器的形式多种多样，其中双金属片式热继电器应用最多。按极数划分为单极、两极和三极三种，其中三极的又包括带断相保护装置的和不带断相保护装置的；按复位方式分为自动复位式和手动复位式。

如图3-3所示为目前我国在生产中常用的热继电器。它们均为双金属片式。每一系列的热继电器一般只能和相适应系列的接触器配套使用，如JR36系列热继电器与CJT1系列接触器配套使用，JR20系列热继电器与CJ20系列接触器配套使用，T系列热继电器与B系列接触器配套使用，3UA系列热继电器与3TB、3TF系列接触器配套使用等。

a) JR36系列　　b) JR20系列　　c) T系列　　d) JRS2(3UA)系列

图3-3　热继电器

1. 热继电器的结构及工作原理

（1）结构　如图3-4a所示为两极双金属片热继电器，它主要由热元件、传动机构、常闭触头、电流整定装置和复位按钮组成。热继电器的热元件由主双金属片和绕在外面的电阻丝组成。主双金属片是由两种热膨胀系数不同的金属片复合而成。

（2）工作原理　热继电器在使用时，需要将热元件串联在主电路中，常闭触头串联在控制电路中，如图 3-4b 所示。当电动机过载时，流过电阻丝的电流超过热继电器的整定电流，电阻丝发热增多，温度升高，由于两块金属片的热膨胀系数不同而使主双金属片向右弯曲，通过传动机构推动常闭触头断开，分断控制电路，再通过接触器切断主电路，实现对电动机的过载保护。

电源切除后，主双金属片逐渐冷却恢复原位。热继电器的复位机构有手动复位和自动复位两种形式，可根据使用要求通过复位调节螺钉来调整和选择。一般情况下，自动复位时间不大于 5min，手动复位时间不大于 2min。

热继电器的整定电流大小可以通过旋转电流整定装置来调节。热继电器的整定电流是指使热继电器连续工作而不动作的最大电流。超过整定电流，热继电器将在负载未达到其允许的过载极限之前动作。

热继电器在电路图中的图形符号如图 3-4c 所示。

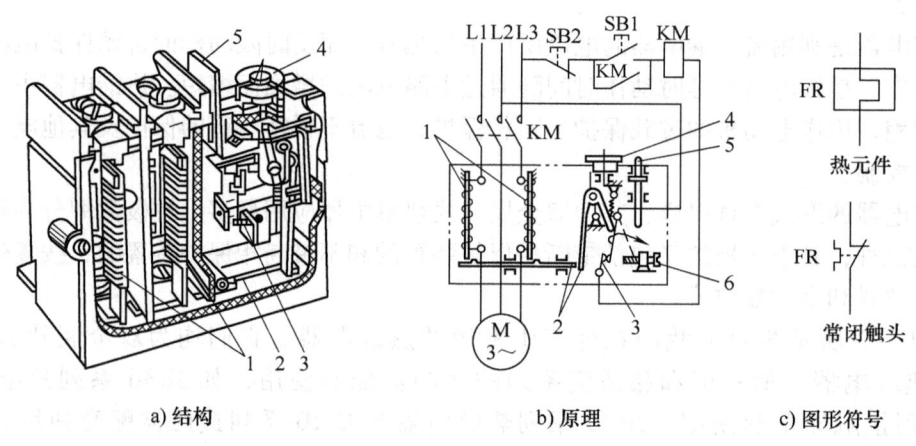

图 3-4　两极双金属片热继电器
1—热元件　2—传动机构　3—常闭触头　4—电流整定装置　5—复位按钮　6—限位螺钉

实践证明：三相异步电动机的断相运行是导致电动机过热烧毁的主要原因之一。对定子绕组接成Y联结的电动机，普通两极或三极结构的热继电器均能实现断相保护。而定子绕组接成△联结的电动机，必须采用三极带断相保护装置的热继电器，才能实现断相保护。

由于热继电器主双金属片受热膨胀的热惯性及传动机构传递信号的惰性原因，热继电器从电动机过载到触头动作需要一定的时间，也就是说，即使电动机严重过载甚至短路，热继电器也不会瞬时动作，因此热继电器不能作短路保护。但也正是这个热惯性和机械惰性，保证了热继电器在电动机起动或短时过载时不会动作，从而满足了电动机的运行要求。

2. 热继电器的选择

选择热继电器时，主要根据所保护电动机的额定电流来确定热继电器的规格和热元件的电流等级。

（1）根据电动机的额定电流选择热继电器的规格　一般情况下应使热继电器的额定电流略大于电动机的额定电流。

（2）根据需要的整定电流值选择热元件的电流等级　一般情况下，热元件的整定电流为电动机额定电流的 0.95～1.05 倍。

（3）根据电动机定子绕组的连接方式选择热继电器的结构形式　定子绕组作Y联结的电动机选用普通三相结构的热继电器，而作△联结的电动机应选用三相结构带断相保护装置的热继电器。

3. 热继电器的型号含义及技术数据

常用 JR36 系列热继电器的型号含义如下：

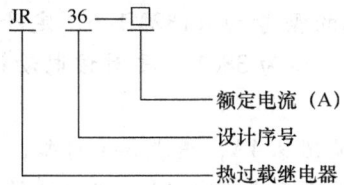

JR36 系列热继电器是在 JR16B 上改进设计的，是 JR16B 的替代产品，其外形尺寸和安装尺寸与 JR16B 系列完全一致。具有断相保护、温度补偿、自动与手动复位、动作可靠等优点。适用于交流 50Hz、电压至 660V（或 690V），电流 0.25～160A 的电路中，对长期或间断长期工作的交流电动机作过载与断相保护。该产品可与 CJT1 接触器组成 QC36 型的电磁起动器。

JR36 系列热继电器的主要技术数据见表 3-1。

表 3-1　JR36 系列热继电器的主要技术数据

型　号	额定电流/A	热元件等级	
		热元件额定电流/A	电流调节范围
JR36—20	20	0.35	0.25～0.35
		0.5	0.32～0.5
		0.72	0.45～0.72
		1.1	0.68～1.1
		1.6	1～1.6
		2.4	1.5～2.4
		3.5	2.2～3.5
		5	3.2～5
		7.2	4.5～7.2
		11	6.8～11
JR36—32	32	16	10～16
		22	14～22
		32	20～32

(续)

型号	额定电流/A	热元件等级	
		热元件额定电流/A	电流调节范围
JR36—63	63	22	14~22
		32	20~32
		45	28~45
		63	40~63
JR36—160	160	63	40~63
		85	53~85

【例3-1】 某机床电动机的型号为 Y132M1-6，定子绕组为△联结，额定功率为 4kW，额定电流为9.4A，额定电压为380V，要对该电动机进行过载保护，试选择热继电器的型号与规格。

解：根据电动机的额定电流值9.4A，查表3-1可知，应选择额定电流为20A的热继电器，其整定电流可取电动机的额定电流9.4A，热元件的电流等级选择11A，其调节范围为6.8~11A；由于电动机的定子绕组采用△联结，应选择带断相保护装置的热继电器。因此，应选用型号为 JR36—20 的热继电器，热元件的额定电流选用11A。

4. 热继电器的安装与使用

1）热继电器必须按照产品说明书中规定的方式安装。安装处的环境温度应与电动机所处环境温度基本相同。当与其他电器安装在一起时，应注意将热继电器安装在其他电器的下方，以免其动作特性受到其他电器发热的影响。

2）安装时，应清除触头表面尘污，以免因接触电阻过大或电路不通而影响热继电器的动作性能。

3）热继电器出线端的连接导线，应按表3-2的规定选用。这是因为导线的粗细和材料将影响到热元件端接点传导到外部热量的多少。导线过细，轴向导热性较差，热继电器可能提前动作；反之，导线过粗，轴向导热过快，热继电器可能滞后动作。

4）使用中的热继电器应定期通电校验。此外，当发生短路事故时，应检查热元件是否已发生永久变形。若已变形，则需通电校验。若因热元件变形或其他原因导致动作不准确时，只能调整其可调部件，而绝不能弯折热元件。

5）热继电器在出厂时均调整为手动复位方式，如果需要自动复位，只要将复位螺钉沿顺时针方向旋转3~4圈，并稍微拧紧即可。

6）热继电器在使用中，应定期用布擦净尘埃和污垢，若发现双金属片上有锈斑，应用清洁棉布蘸汽油轻轻擦除，切忌用砂纸打磨。

表3-2 热继电器连接导线的选用

热继电器额定电流/A	连接导线截面积/mm²	连接导线种类
10	2.5	单股铜芯塑料线
20	4	单股铜芯塑料线
60	16	多股铜芯橡皮线

5. 热继电器常见故障及处理方法

热继电器的常见故障及处理方法见表3-3。

表3-3 热继电器的常见故障及处理方法

故障现象	故障原因	维修方法
热元件烧断	(1) 负载侧短路，电流过大 (2) 操作频率过高	(1) 排除故障，更换热继电器 (2) 更换合适参数的热继电器
热继电器不动作	(1) 热继电器的额定电流值选用不合适 (2) 整定值偏大 (3) 动作触头接触不良 (4) 热元件烧断或脱焊 (5) 动作机构卡阻 (6) 导板脱出	(1) 按保护功率合理选择 (2) 合理调整整定电流值 (3) 消除触头接触不良因素 (4) 更换热继电器 (5) 消除卡阻因素 (6) 重新放入导板并调试
热继电器动作不稳定，时快时慢	(1) 热继电器内部机构某些部件松动 (2) 检修时弯折了双金属片 (3) 通电电流波动太大，或接线螺钉松动	(1) 紧固松动部件 (2) 用两倍电流预试几次或将双金属片拆下来热处理（一般约240℃）以去除内应力 (3) 检查电源电压或拧紧接线螺钉
热继电器动作太快	(1) 整定值偏小 (2) 电动机起动时间过长 (3) 连接导线太细 (4) 操作频率过高 (5) 使用场合有强烈冲击和振动	(1) 合理调整整定值 (2) 按起动时间要求，选择具有合适的可返回时间的热继电器或在起动过程中将热继电器短接 (3) 选择标准导线 (4) 更换合适型号的热继电器 (5) 采取防振动措施或选择带防冲击振动的热继电器
主电路不通	(1) 热元件烧断 (2) 接线螺钉松动或脱落	(1) 更换热元件或热继电器 (2) 紧固接线螺钉
控制电路不通	(1) 触头烧坏或动触头片弹性消失 (2) 可调整式旋钮转到不合适的位置 (3) 热继电器动作后未复位	(1) 更换触头或簧片 (2) 调整旋钮或螺钉 (3) 按动复位按钮

在照明、电加热等电路中，熔断器FU既可以作短路保护，也可以作过载保护。但对三相异步电动机控制电路来说，熔断器只能用作短路保护。这是因为三相异步电动机的起动电流很大（全压起动时的起动电流能达到额定电流的4~7倍），若用熔断器作过载保护，则选择熔断器的额定电流就应大于或等于电动机的额定电流，这样电动机在起动时，由于起动电流大大超过了熔断器的额定电流，使熔断器在很短的时间内熔断，造成电动机无法起动。所以熔断器只能作短路保护，熔体额定电流应取电动机额定电流的1.5~2.5倍。

热继电器在三相异步电动机控制电路中只能作过载保护，不能用作短路保护。因为热继电器的热惯性大，即热继电器的双金属片受热膨胀弯曲需要一定时间。当电动机发生短路时，由于短路电流很大，热继电器还没来得及动作，供电电路和电源设备可能已经损坏。而在电动机起动时，由于起动时间很短，热继电器还未动作，电动机已起动完毕。总之，热继电器和熔断器两者所起的作用不同，不能相互代替使用。

在接触器自锁正转控制电路中，熔断器 FU1、FU2 分别作主电路和控制电路的短路保护用，接触器 KM 除控制电动机的起、停外，还作欠电压和失电压保护用。

图 3-5a 所示电路是在接触器自锁正转控制电路中，增加了一个热继电器 FR，构成了具有过载保护的接触器自锁正转控制电路。该电路不但具有短路保护、欠压和失压保护作用，而且具有过载保护作用。在实际中应用广泛。

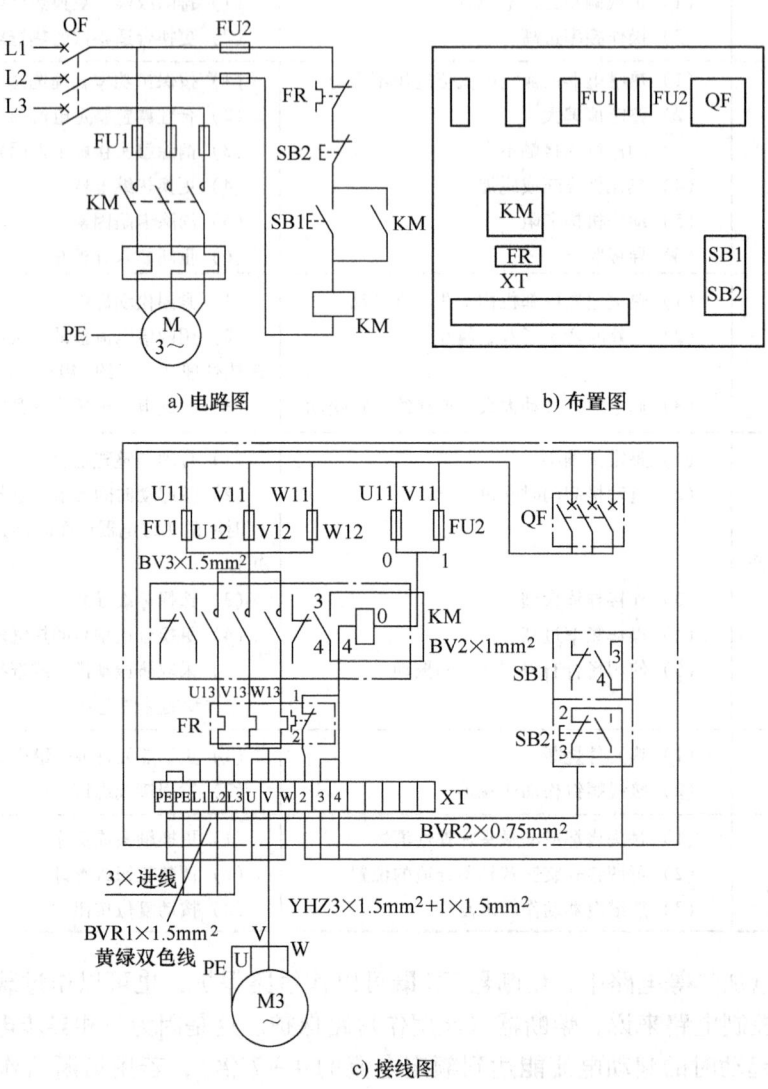

图 3-5 具有过载保护的接触器自锁正转控制电路

过载保护是指当电动机出现过载时，能自动切断电动机的电源，使电动机停转的一种保护。电动机为什么需要过载保护呢？因为电动机在运行过程中，如果长期负载过大，或起动操作频繁，或者断相运行，都可能使电动机定子绕组的电流增大，超过其额定值。而在这种情况下，熔断器往往并不熔断，从而引起定子绕组过热，使温度持续升高。若温度超过允许温升，就会造成绝缘损坏，缩短电动机的使用寿命，严重时甚至会烧毁电动机的定子绕组。因此，对电动机还必须采取过载保护措施。

电动机控制电路中,最常用的过载保护电器是热继电器,它的热元件串联在三相主电路中,常闭触头串联在控制电路中,如图 3-5a 所示。若电动机在运行过程中,由于过载或其他原因使电流超过额定值,则经过一定时间后,串联在主电路中的热元件因受热发生弯曲,通过传动机构使串联在控制电路中的常闭触头分断,切断控制电路,接触器 KM 线圈失电,其主触头和自锁触头分断,电动机 M 断电停转,达到了过载保护的目的。

【例 3-2】 如图 3-6 所示的自锁正转控制电路中,试分析指出有关错误及出现的现象,并加以改正。

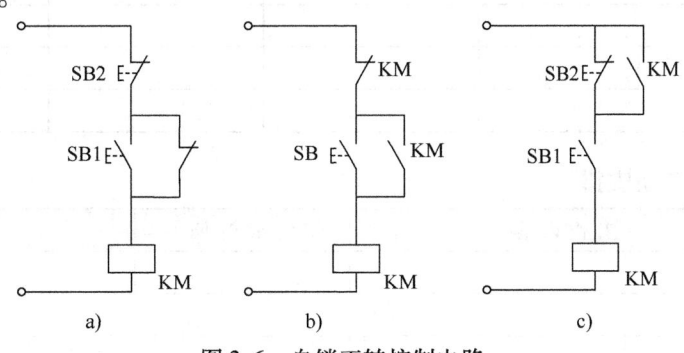

图 3-6 自锁正转控制电路

解:在图 3-6a 中,接触器 KM 的自锁触头不应该用辅助常闭触头。因用辅助常闭触头不但失去了自锁作用,同时会使电路出现时通时断的现象。所以应把辅助常闭触头换成辅助常开触头,使电路正常工作。

在图 3-6b 中,接触器 KM 的辅助常闭触头不能串联在电路中。否则,按下起动按钮 SB 后,会使电路出现时通时断的现象,所以应把 KM 的辅助常闭触头换成停止按钮,使电路正常工作。

在图 3-6c 中,接触器 KM 的自锁触头不能并联在停止按钮 SB2 的两端。否则,就失去了自锁作用,电路只能实现点动控制。应把自锁触头并联在起动按钮 SB1 两端。

学习活动三　制订工作计划

根据任务要求,结合现场勘查掌握的实际情况及任务实施的基本步骤,制订小组工作计划,并对小组成员进行分工。

(一) 小组成员分工表

姓　名	分　工

（二）工具、材料清单

序　号	名　称	型号规格	单　位	数　量

（三）工序及工期安排

序　号	工作内容	完成时间	备　注

注：根据任务要求，此任务应先拆除旧电路，再安装新电路。

（四）安全防护措施

1）电源管理，如果维修时间较长，必须将设备与电源隔离，电源开关断开后，粘贴三角形红色提醒标志。

2）接地保护，将机床外壳与接地线连接或重复接地。

学习活动四　任务实施

施工步骤、板前明线布线工艺要求、自检提示、通电试运行提示，可参照学习任务一中的相关内容。

◆ 故障检查修复记录

检修步骤	过程记录
观察到的故障现象	
分析故障现象原因	
确定故障范围，找到故障点	
排除故障	

学习任务三　通风机接触器自锁正转控制电路的安装与检修

◆ **项目验收**

1. 项目验收表

_____公司维修工作任务联系单

报修部门		报修时间	年　月　日　时
设备名称		设备型号/编号	/
报修人		联系电话	
维修部门负责人		联系电话	
质量评价			
验收意见			
验收人		日期	年　月　日
维修人		日期	年　月　日

2. 评分表

	评价内容	分值	评分		
			自评	组评	师评
元器件定位安装	安装方法与步骤均正确,符合工艺要求				
	元器件安装美观、整洁				
布线	按电路图正确接线				
	布线方法与步骤均正确,符合工艺要求				
	布线横平、竖直、整洁有序,接线整洁美观				
	接点牢固、接头露铜长度适中,无反圈、压绝缘层、标记不清楚、标记号遗漏或误标等问题				
	施工中导线绝缘层或线芯无损伤				
通电试车	正常运行无故障				
	出现故障正常排除				
安全文明生产	遵守安全文明生产规程				
	施工完成后认真清理现场				
施工额定用时:	实际用时:	超时扣分:			
	合计				

学习活动五　总结评价

◆ **综合评价表**

评价项目	评价内容	评价标准	评价主体		
			自我	同学	教师
职业素养	安全意识 责任意识	A. 作风严谨、自觉遵守纪律、出色完成工作任务 B. 能够遵守规章制度，较好完成工作任务 C. 遵守规章制度，没完成工作任务 D. 不遵守规章制度，没完成工作任务			
	学习态度	A. 积极参与学习活动，全勤 B. 缺勤达到任务总学时的10% C. 缺勤达到任务总学时的20% D. 缺勤达到任务总学时的30%			
	团队合作	A. 与同学协作融洽，团队合作意识强 B. 与同学能沟通，协同工作能力较强 C. 与同学能沟通，协同工作能力一般 D. 与同学沟通困难，协同工作能力较差			
专业能力	学习活动1 明确工作任务	A. 学习活动评价成绩为90~100分 B. 学习活动评价成绩为75~89分 C. 学习活动评价成绩为60~74分 D. 学习活动评价成绩为0~59分			
	学习活动2 相关知识学习	A. 学习活动评价成绩为90~100分 B. 学习活动评价成绩为75~89分 C. 学习活动评价成绩为60~74分 D. 学习活动评价成绩为0~59分			
	学习活动3 制订计划	A. 学习活动评价成绩为90~100分 B. 学习活动评价成绩为75~89分 C. 学习活动评价成绩为60~74分 D. 学习活动评价成绩为0~59分			
	学习活动4 任务实施	A. 学习活动评价成绩为90~100分 B. 学习活动评价成绩为75~89分 C. 学习活动评价成绩为60~74分 D. 学习活动评价成绩为0~59分			
创新能力		学习过程中提出具有创新性、可行性的建议	加分		
班级		姓名		综合评价等级	

课后思考

一、填空题

1. 热继电器的复位方式有（　　　　）和（　　　　）两种。
2. 热继电器的（　　　　）大小通过旋转（　　　　）来调节。
3. 电力拖动是指（　　　　）拖动生产机械的（　　　　）使之运行的一种方法。
4. 按钮的触头允许通过的电流较（　　　　），一般不超过（　　　　）A。
5. 热继电器使用时，需要将（　　　　）串联在主电路中，（　　　　）串联在控制电路中。

二、判断题

（　　）1. 一般情况下，继电器不直接控制电流较大的主电路，而是通过控制接触器或其他电器的线圈，来达到对主电路的控制。

（　　）2. 热继电器都带断相保护装置。

（　　）3. 在三相异步电动机控制电路中，熔断器只能用作短路保护。

（　　）4. 在电路正常工作时，欠电流继电器的衔铁与铁心始终是吸合的。

三、名词解释

1. 自锁控制
2. 过载
3. 主电路
4. 控制电路

四、作图题

1. 画出自锁正转控制电路，并说明工作原理。
2. 画出自锁正转控制电路接线图。

学习任务四

镗床主轴点动与连续运行控制电路的安装与检修

学习目标：

1. 能通过阅读工作任务联系单和现场勘察，明确任务要求。
2. 能掌握镗床主轴的运动形式、控制原理和主要用途。
3. 能设计电路图，能识别和选用元器件，按图样、工艺要求、安全规程等要求，安装元器件，连接电路。
4. 能用仪表检测电路安装的正确性，按照安全操作规程正确通电试运行，然后按照要求清理施工现场，标注控制功能的铭牌标签。

工作情景描述：

某加工车间的镗床主轴点动与连续运行控制电路出现部分绝缘老化现象，现在需要我们进行检测、重新安装。此任务交由电工班内完成，要求在规定期限内完成安装、调试，并交付有关人员验收。

学习活动一 明确工作任务

_____公司维修工作任务联系单

报修部门		报修时间	年 月 日 时
设备名称		设备型号/编号	/
报修人		联系电话	
故障现象			
故障排除记录			
解决方法			
维修时间		计划工时	
维修人		日期	年 月 日 时

阅读工作任务联系单，查阅镗床主轴的相关资料，回答下列问题：
1）镗床主轴电动机的运动形式是怎样的？
2）此次任务所涉及镗床主轴的点动与连续运行控制电路有哪些新的要求？
3）镗床主轴电动机的点动与连续运行控制电路常见故障有哪些？在施工中应如何避免？

学习活动二　学习相关知识

◆ **引导问题**

1）结合前面所学到的知识，说说点动控制电路和自锁控制电路的区别？
2）点动控制电路和自锁控制电路如何相互转化？
3）点动与连续混合运行正转控制电路安装及测试要求有哪些？
4）简述你在故障检修时查找故障点的方法。
5）根据前面所学的知识，试设计点动与连续混合运行正转控制电路。控制要求如下：
① 电动机既可以点动控制又可以连续控制。
② 具有短路、过载、失电压和欠电压等保护功能。

◆ **咨询资料**

一、电路分析

如图 4-1a 所示电路是在具有过载保护的接触器自锁正转控制电路的基础上，把手动开关 SA 串联在自锁电路中。显然，当把 SA 闭合或打开时，就可以实现电动机的连续或点动运行。

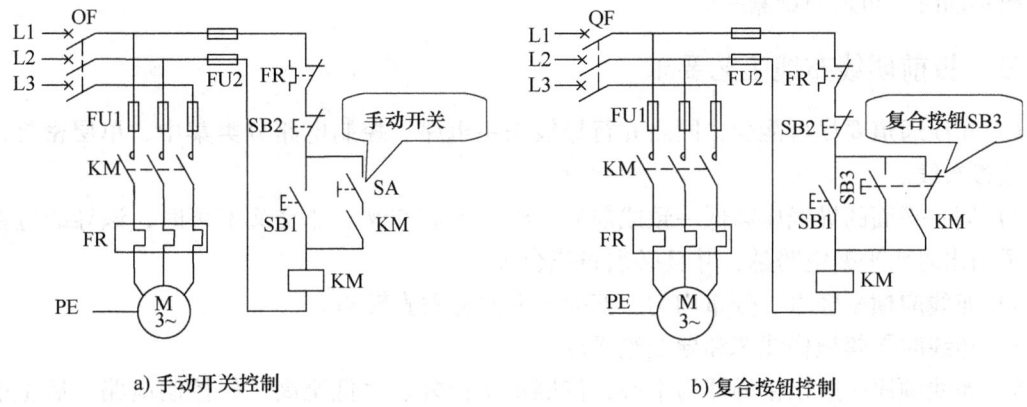

a) 手动开关控制　　　　　b) 复合按钮控制

图 4-1　连续与点动混合正转控制电路

如图 4-1b 所示电路是在起动按钮 SB1 的两端并联了一个复合按钮 SB3，且 SB3 的常闭触头与 KM 自锁触头串联，来实现连续与点动混合正转控制的。

电路的工作原理如下：

1. 连续控制

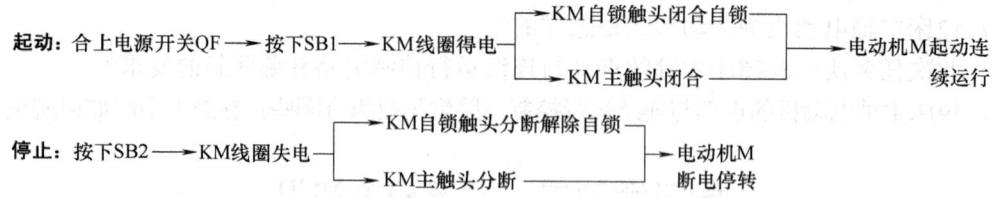

2. 点动控制

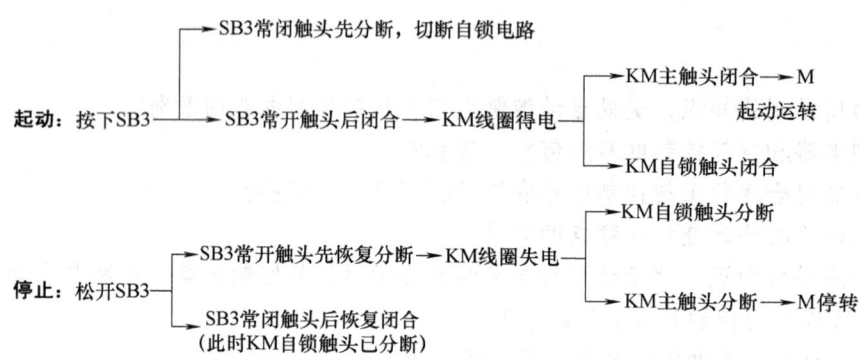

二、安装工艺要求

1）按电器布置图在控制板上安装电器，断路器、熔断器的受电端子应安装在控制板的外侧，并确保熔断器的受电端为底座的中心端。

2）各元器件的安装位置应整齐、匀称、间距合理，便于元器件的更换。

3）紧固各元器件时，用力要均匀，紧固程度要适当。在紧固熔断器、接触器等易碎元器件时，应该用手按住元器件一边轻轻摇动，一边用螺钉旋具轮换旋紧对角线上的螺钉，直到手摇不动时，再适当旋紧一些。

三、板前明线布线工艺要求

1）布线通道要尽可能少，同路并行导线按主电路、控制电路分类集中，单层密排，紧贴安装板布线。

2）同一平面的导线应高低一致或前后一致，不能交叉。非交叉不可时，该导线应在接线端子引出时水平架空跨越，并且必须布线合理。

3）布线应横平竖直、分布均匀。变换走向时应垂直转向。

4）布线时严禁损伤线芯和导线绝缘层。

5）布线顺序一般以接触器为中心，按照由里向外、由低至高、先控制电路、后主电路的顺序进行，以不妨碍后续布线为原则。

6）在每根剥去绝缘层导线的两端套上编码套管。所有从一个接线端子（或接线桩）到另一个接线端子（或接线桩）的导线必须连续，中间无接头。

7）导线与接线端子或接线桩连接时，不得压绝缘层、不反圈及不露铜过长。同一元器件、同一回路的不同连接点的导线间距离应保持一致。

8) 一个元器件接线端子上的连接导线不得多于两根，每节接线端子板上的连接导线一般只允许连接一根。

四、技术规范

1) 能够按照电气原理图独立完成电路的连接并通电试运行成功。
2) 在安装元器件及连接电路过程中应保证元器件完好无损。
3) 能够按照电动机相关标准完成对热继电器的整定。
4) 正确安装熔断器的熔体。
5) 整个电路不能出现诸如连接点松动、线芯裸露过长、压绝缘层、连接点反圈（或未半圈）等现象。
6) 保证导线线芯的良好及保护导线的绝缘层。
7) 保证完成施工后接地线的安装。
8) 三条及多条导线的连接点、交叉处要处理完好。
9) 保证工艺水平及布线合理性。主要是指横平、竖直，以及是否架空（主电路可以架空，控制电路不能架空），交叉尽量少，整齐美观等。

五、安全要求

按电路图或接线图从电源端开始，逐段核对接线及接线端子处线号是否正确、有无漏接或错接之处。检查导线连接点是否符合要求，压接是否牢固。同时注意连接点接触应良好，以避免带负载运行时产生闪弧现象。

用万用表检查电路的通断情况。检查时，应选择倍率适当的电阻挡，并进行校零，以防发生短路故障。

对控制电路的检查（断开主电路），可将表笔分别搭在 V21、W21 线端上，读数应为"∞"。按下起动按钮时，读数应为接触器线圈的直流电阻值；然后，断开控制电路，再检查主电路有无开路或短路现象，此时，可以用手动来代替接触器通电进行检查。

通电试运行工艺要求如下：

1) 为保证人身安全，在通电校验时，要认真执行安全操作规程的有关规定，一人监护，一人操作。校验前，应检查与通电校验有关的电气设备是否有不安全的因素存在，一经查出应立即整改，然后方能试运行。
2) 通电试运行前，必须征得老师的同意，并由指导老师接通三相电源 L1、L2、L3，同时在现场监护。
3) 如果出现故障，学生应该独立进行检修。若需带电检查时，老师必须在现场监护。检修完毕后，如需要再次试运行，老师也应该在现场监护，并做好记录。
4) 通电校验完毕，切断电源。

六、故障分析与检修

1) 电气故障检修的一般步骤：

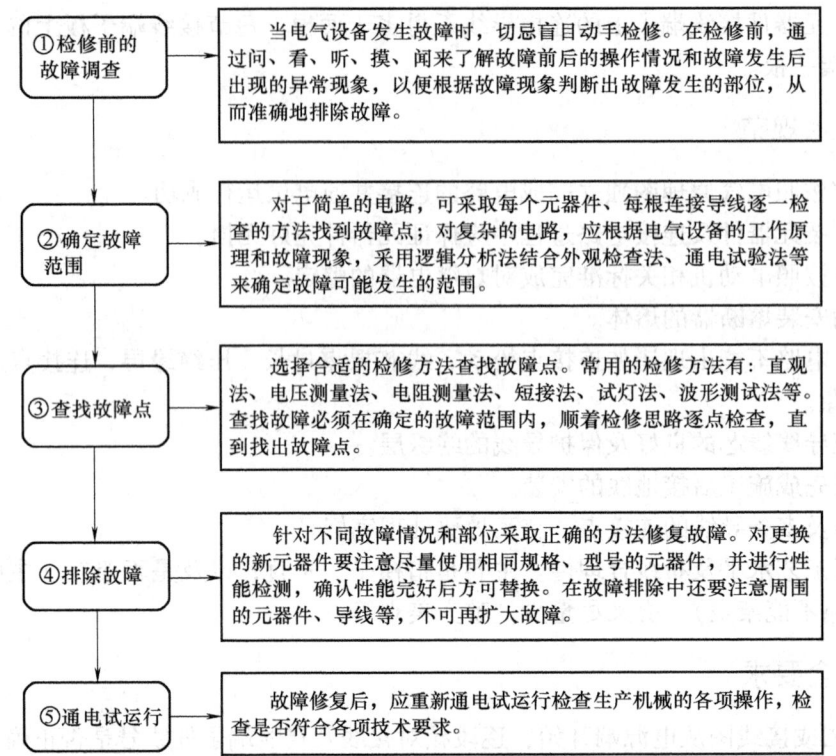

2)查找故障点的常用方法：检修过程的重点是判断故障范围和确定故障点。利用电工工具和仪表对电路进行带电或断电测量，常用的方法有电压测量法和电阻测量法。具体操作过程可参见学习任务二"学习相关知识"中的相应内容。

学习活动三　制订工作计划

根据任务要求，结合现场勘查掌握的实际情况及任务实施的基本步骤，制订小组工作计划，并对小组成员进行分工。

（一）小组成员分工表

姓　　名	分　　工

（二）工具、材料清单

序　号	名　　称	型号规格	单　位	数　量

（三）工序及工期安排

序　号	工作内容	完成时间	备　注

注：根据任务要求，此任务应先拆除旧电路，再安装新电路。

（四）安全防护措施

1）电源管理，如果维修时间较长，必须将设备与电源隔离，电源开关断开后，粘贴三角形红色提醒标志。

2）接地保护，将机床外壳与接地线连接或重复接地。

学习活动四　任务实施

施工步骤、板前明线布线工艺要求、自检提示、通电试运行提示，请参照学习任务一中的相关内容。

◆ 故障检查修复记录

检修步骤	过程记录
观察到的故障现象	
分析故障现象原因	
确定故障范围，找到故障点	
排除故障	

◆ 项目验收

1. 项目验收表

_____公司维修工作任务联系单

报修部门		报修时间	年 月 日 时
设备名称		设备型号/编号	/
报修人		联系电话	
维修部门负责人		联系电话	
质量评价			
验收意见			
验收人		日期	年 月 日
维修人		日期	年 月 日

2. 评分表

评价内容		分值	评 分		
			自评	组评	师评
元器件定位安装	安装方法与步骤均正确,符合工艺要求				
	元器件安装美观、整洁				
布线	按电路图正确接线				
	布线方法与步骤均正确,符合工艺要求				
	布线横平、竖直、整洁有序,接线整洁美观				
	接点牢固、接头露铜长度适中,无反圈、压绝缘层、标记不清楚、标记号遗漏或误标等问题				
	施工中导线绝缘层或线芯无损伤				
通电试车	正常运行无故障				
	出现故障正常排除				
安全文明生产	遵守安全文明生产规程				
	施工完成后认真清理现场				
施工额定用时: 实际用时: 超时扣分:					
合计					

学习活动五 总结评价

◆ **综合评价表**

评价项目	评价内容	评价标准	评价主体 自我	同学	教师
职业素养	安全意识 责任意识	A. 作风严谨、自觉遵守纪律、出色完成工作任务 B. 能够遵守规章制度，较好完成工作任务 C. 遵守规章制度，没完成工作任务 D. 不遵守规章制度，没完成工作任务			
	学习态度	A. 积极参与学习活动，全勤 B. 缺勤达到任务总学时的10% C. 缺勤达到任务总学时的20% D. 缺勤达到任务总学时的30%			
	团队合作	A. 与同学协作融洽，团队合作意识强 B. 与同学能沟通，协同工作能力较强 C. 与同学能沟通，协同工作能力一般 D. 与同学沟通困难，协同工作能力较差			
专业能力	学习活动1 明确工作任务	A. 学习活动评价成绩为90~100分 B. 学习活动评价成绩为75~89分 C. 学习活动评价成绩为60~74分 D. 学习活动评价成绩为0~59分			
	学习活动2 相关知识学习	A. 学习活动评价成绩为90~100分 B. 学习活动评价成绩为75~89分 C. 学习活动评价成绩为60~74分 D. 学习活动评价成绩为0~59分			
	学习活动3 制订计划	A. 学习活动评价成绩为90~100分 B. 学习活动评价成绩为75~89分 C. 学习活动评价成绩为60~74分 D. 学习活动评价成绩为0~59分			
	学习活动4 任务实施	A. 学习活动评价成绩为90~100分 B. 学习活动评价成绩为75~89分 C. 学习活动评价成绩为60~74分 D. 学习活动评价成绩为0~59分			
创新能力		学习过程中提出具有创新性、可行性的建议	加分		
班级		姓名	综合评价等级		

课后思考

1. 标出图 4-2 各元件的文字符号，指出各控制电路是否正确？并说明会出现哪些现象。

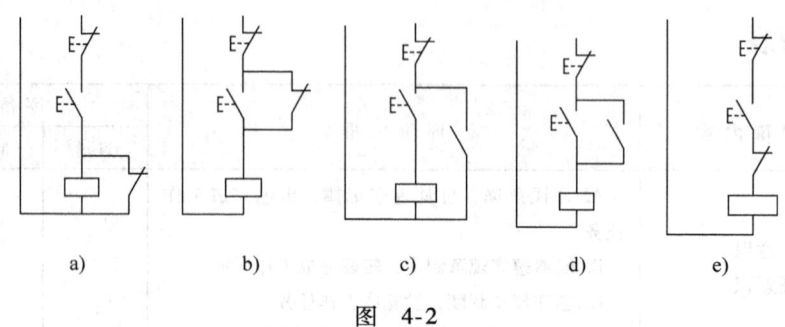

图 4-2

2. 画出连续与点动混合正转控制电路，并说明工作原理。
3. 画出连续与点动混合正转控制电路接线图。

学习任务五

起重机正反转控制电路的安装与检修

学习目标：

1. 能通过阅读工作任务联系单和现场勘察，明确任务要求。
2. 能掌握起重机的运动形式、控制原理和主要用途。
3. 能掌握电动机正反转控制的工作原理并设计电路图。
4. 能识别和选用元器件，按图样、工艺要求、安全规程等要求，安装元器件，连接电路。
5. 能用仪表检测电路安装的正确性，按照安全操作规程正确通电试运行，然后按照要求清理施工现场，标注控制功能的铭牌标签。

工作情景描述：

某加工车间的起重机正反转控制电路出现绝缘老化现象，需要进行检测、重新安装，要求在规定期限完成安装、调试，并交付有关人员验收。

学习活动一　明确工作任务

_____公司维修工作任务联系单

报修部门		报修时间	年　月　日　时
设备名称		设备型号/编号	/
报修人		联系电话	
故障现象			
故障排除记录			
解决方法			
维修时间		计划工时	
维修人		日期	年　月　日　时

阅读工作任务联系单，查阅起重机的相关资料，回答下列问题：
1）起重机的运动形式是怎样的？
2）本次任务和以前的任务比较有什么不同之处？
3）相关电气元件在起重机正反转控制电路中的工作原理是怎样的？如何选择？

学习活动二　学习相关知识

◆ **引导问题**

1）如何用交流接触器控制电动机的正反转？试画出交流接触器控制电动机正反转的电路图。
2）如果接触器 KM1 和 KM2 的主触头同时闭合，会造成什么后果？应该采取什么措施才能避免？
3）根据下列要求，设计接触器控制电动机正反转控制电路？控制要求如下：
① 电动机既能正向运转又能反向运转。
② 具有短路、过载、失压、欠电压和联锁等保护功能。
4）接触器联锁正反转控制电路安装及测试要求有哪些？
5）简述你在故障检修时查找故障点的方法。

◆ **咨询资料**

一、倒顺开关正反转控制电路

正转控制电路只能使电动机朝一个方向旋转，带动生产机械的运动部件朝一个方向运动。要满足生产机械运动部件能向正、反两个方向运动，就要求电动机能实现正、反转控制。

当改变通入电动机定子绕组的三相电源相序，即把接入电动机三相电源进线中的任意两相接线对调时，电动机就可以反转。

倒顺开关及其正反转控制电路如图 5-1 所示。万能铣床主轴电动机的正反转控制就是采用倒顺开关来实现的。

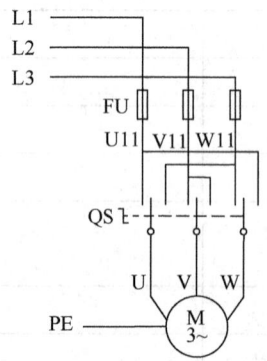

a) HZ3-131型倒顺开关　　　　b) 正反转控制电路

图 5-1　倒顺开关及其正反转控制电路

该电路的工作原理如下：操作倒顺开关 QS，当手柄处于"停"位置时，QS 的动、静触头不接触，电路不通，电动机不转；当手柄扳至"顺"位置时，QS 的动触头和左边的静触头接触，电路按 L1-U、L2-V、L3-W 接通，输入电动机定子绕组的电源电压相序为 L1-L2-L3，电动机正转；当手柄扳至"倒"位置时，QS 的动触头和右边的静触头接触，电路按 L1-W、L2-V、L3-U 接通，输入电动机定子绕组的电源电压相序变为 L3-L2-L1，电动机反转。

当电动机处于正转状态时，要使它反转，应先把手柄扳到"停"的位置，使电动机先停转，然后再把手柄扳到"倒"的位置，使它反转。若直接把手柄由"顺"扳至"倒"的位置，电动机的定子绕组会因为电源突然反接而产生很大的反接电流，容易使电动机定子绕组因过热而损坏。

倒顺开关正反转控制电路虽然所用电器较少，电路比较简单，但它是一种手动控制电路，在频繁换向时，操作人员劳动强度大，操作安全性差，所以这种电路一般用于控制额定电流 10A、功率在 3kW 及以下的小功率电动机。在实际生产中，更常用的是用按钮、接触器来控制电动机的正反转。

二、接触器联锁正反转控制电路

如图 5-2 所示为接触器联锁正反转控制电路。电路中采用了两个接触器，即控制正转的接触器 KM1 和控制反转的接触器 KM2，它们分别由正转按钮 SB1 和反转按钮 SB2 控制。从主电路中可以看出，这两个接触器的主触头所接通的电源相序不同，KM1 按 L1-L2-L3 相序接线，KM2 则按 L3-L2-L1 相序接线。相应的控制电路有两条：一条是由按钮 SB1 和接触器 KM1 线圈等组成的正转控制电路；另一条是由按钮 SB2 和接触器 KM2 线圈等组成的反转控制电路。

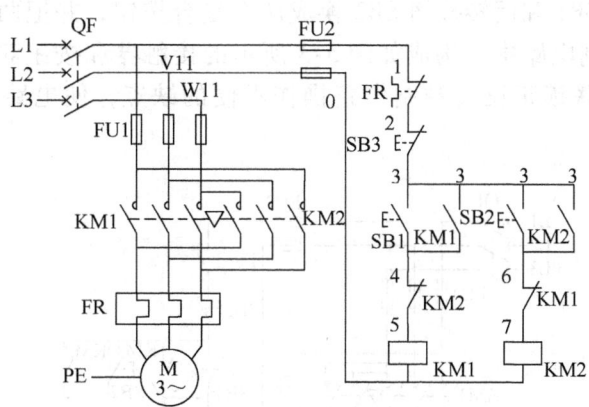

图 5-2　接触器联锁正反转控制电路

必须指出的是，接触器 KM1 和 KM2 的主触头绝不允许同时闭合，否则将造成两相电源（L1 相和 L3 相）短路事故。为了避免两个接触器 KM1 和 KM2 同时得电动作，必须在正、反转控制电路中分别串联对方接触器的一对辅助常闭触头。

当一个接触器得电动作时，通过其辅助常闭触头使另一个接触器不能得电动作，接触器之间的这种相互制约作用叫做接触器联锁（或互锁）。实现联锁作用的辅助常闭触头称为联锁触头（或互锁触头），联锁符号用"▽"表示。

接触器联锁正反转控制电路的优点是工作安全可靠，缺点是操作不便。因为电动机从正转变为反转时，必须先按下停止按钮，才能按反转起动按钮，否则由于接触器的联锁作用，不能实现反转。

电路工作原理如下：

1. 正转控制

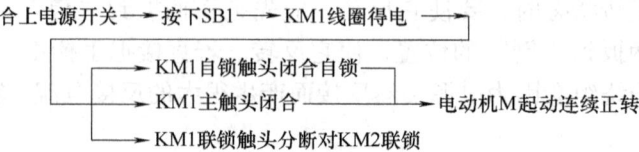

若要电动机 M 停止转动，按下 SB3，整个控制电路断电，KM1 触头恢复初始状态，电动机 M 断电停转。

2. 反转控制

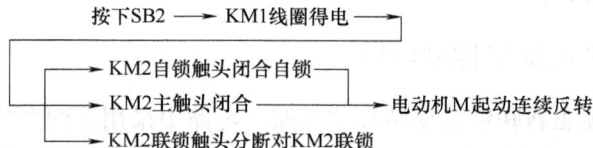

同理，若要电动机 M 停止转动，按下 SB3，整个控制电路断电，KM2 触头恢复初始状态，电动机 M 断电停转。

三、接触器和按钮双重联锁正反转控制电路

如果把正转按钮 SB1 和反转按钮 SB2 换成两个复合按钮，并把两个复合按钮的常闭触头也串联在对方的控制电路中，构成如图 5-3 所示的接触器和按钮双重联锁正反转控制电路，就能克服接触器联锁正反转控制电路操作不便的缺点，使电路操作方便，工作安全可靠。

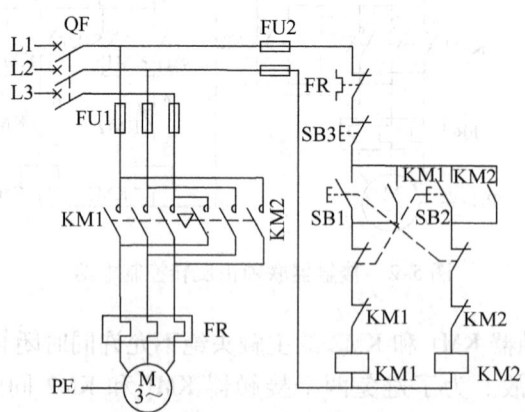

图 5-3 接触器和按钮双重联锁正反转控制电路

电路的工作原理如下：

1. 正转控制

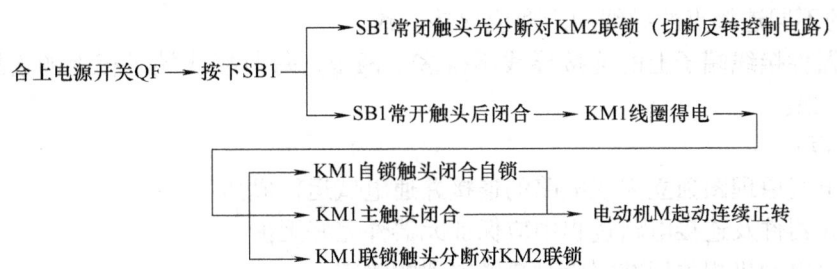

2. 反转控制

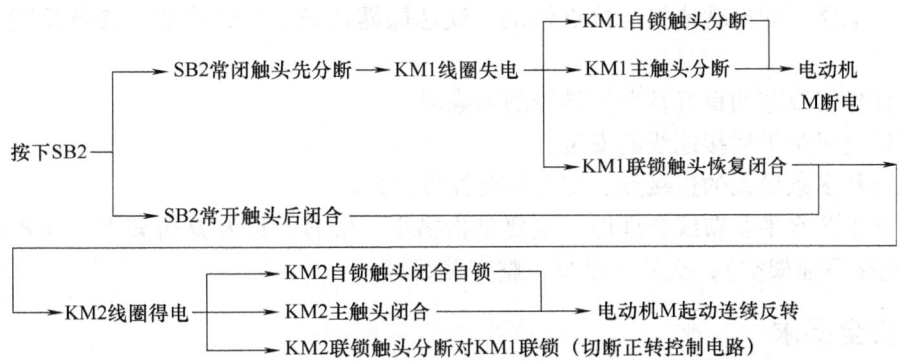

若要电动机 M 停止转动，按下 SB3，整个控制电路断电，主触头分断，电动机 M 断电停转。

四、安装工艺要求

1）按电器布置图在控制板上安装元器件，断路器、熔断器的受电端子应该安装在控制板的外侧，并确保熔断器的受电端为底座的中心端。

2）各元器件的安装位置应整齐、匀称、间距合理，便于元器件的更换。

3）紧固各元器件时，用力要均匀、紧固程度要适当。在紧固熔断器、接触器等易碎元器件时，应该用手按住元件一边轻轻摇动，一边用旋具轮换旋紧对角线上的螺钉，直到手摇不动时，再适当旋紧一些。

4）板前明线布线工艺要求：

① 布线通道要尽可能少，同路并行导线按主电路、控制电路分类集中，单层密排，紧贴安装板布线。

② 同一平面的导线应高低一致或前后一致，不能交叉。非交叉不可时，该导线应该在接线端子引出时就水平架空跨越，并且必须走线合理。

③ 布线应横平竖直、分布均匀。变换走向时应垂直转向。

④ 布线时严禁损伤线芯和导线绝缘层。

⑤ 布线顺序一般以接触器为中心，按照由里向外、由低至高、先控制电路、后主电路的顺序进行，以不妨碍后续布线为原则。

⑥ 在每根剥去绝缘层导线的两端套上编码套管。所有从一个接线端子（或接线桩）到

另一个接线端子（或接线桩）的导线必须连续，中间无接头。

⑦ 导线与接线端子或接线桩连接时，不得压绝缘层、不反圈及不露铜过长。同一元器件、同一回路的不同连接点的导线间距离应保持一致。

⑧ 一个元器件接线端子上的连接导线不得多于两根，每节接线端子板上的连接导线一般只允许连接一根。

5）技术规范：

① 能够按电气原理图独立完成电路的连接并通电试运行成功。

② 在安装元器件及连接电路过程中应保证元器件完好无损。

③ 能够按照电动机相关标准完成对热继电器的整定。

④ 正确安装熔断器的熔体。

⑤ 整个电路不能出现诸如连接点松动、线芯裸露过长、压绝缘层、接点反圈（或未半圈）。

⑥ 保证导线线芯的良好及保护导线的绝缘层。

⑦ 保证完成施工后接地线的安装。

⑧ 三条及多条导线的连接点、交叉处要处理完好。

⑨ 保证工艺水平及布线合理性。主要是指横平、竖直，以及是否架空（主电路可以架空，控制电路不能架空），交叉尽量少，整齐美观等。

五、安全要求

按电路图或接线图从电源端开始，逐段核对接线及接线端子处线号是否正确、有无漏接或错接之处。检查导线连接点是否符合要求，压接是否牢固。同时注意连接点接触应良好，以避免带负载运行时产生闪弧现象。

对控制电路的检查（断开主电路），可将表笔分别搭在 V21、W21 线端上，读数应为"∞"。按下起动按钮时，读数应为接触器线圈的直流电阻值；然后，断开控制电路，再检查主电路有无开路或短路现象，此时，可以用手动来代替接触器通电进行检查。

通电试运行工艺要求如下：

1）为保证人身安全，在通电校验时，要认真执行安全操作规程的有关规定，一人监护，一人操作。校验前，应检查与通电校验有关的电气设备是否有不安全的因素存在，一经查出应立即整改，然后方能试运行。

2）通电试运行前，必须征得老师的同意，并由指导老师接通三相电源 L1、L2、L3，同时在现场监护。

3）如果出现故障，学生应独立进行检修。若需带电检查时，老师必须在现场监护。检修完毕后，如需要再次试运行，老师也应该在现场监护，并做好记录。

4）通电校验完毕，切断电源。

六、故障检修

1. 电气故障检修的一般步骤

2. 查找故障点的常用方法　检修过程的重点是判断故障范围和确定故障点。

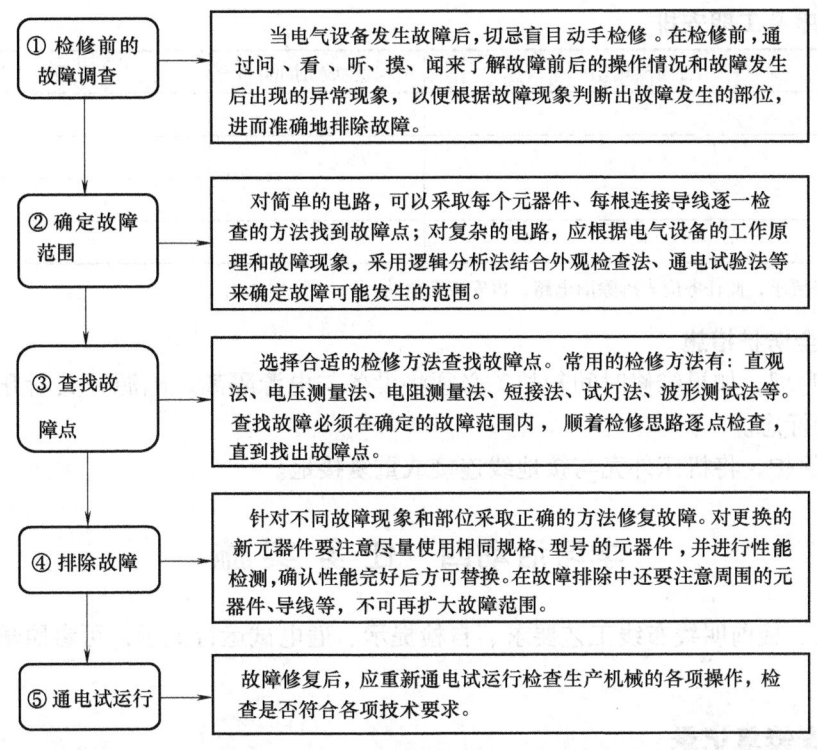

利用电工工具和仪表对电路进行带电或断电测量，常用的方法有电压测量法和电阻测量法。具体操作过程可参见学习任务二"学习相关知识"中的相应内容。

学习活动三　制订工作计划

根据任务要求，结合现场勘查掌握的实际情况及任务实施的基本步骤，制订小组工作计划，并对小组成员进行分工。

（一）小组成员分工表

姓　名	分　工

（二）工具、材料清单

序　号	名　称	型号规格	单　位	数　量

（三）工序及工期安排

序　号	工作内容	完成时间	备　　注

注：根据任务要求，此任务应先拆除旧电路，再安装新电路。

（四）安全防护措施

1）电源管理，如果维修时间较长，必须将设备与电源隔离，电源开关断开后，粘贴三角形红色提醒标志。

2）接地保护，将机床外壳与接地线连接或重复接地。

学习活动四　任务实施

施工步骤、板前明线布线工艺要求、自检提示、通电试运行提示，可参照学习任务一中的相关内容。

◆ 故障检查修复记录

检修步骤	过程记录
观察到的故障现象	
分析故障现象原因	
确定故障范围，找到故障点	
排除故障	

◆ 项目验收

1. 项目验收表

_____公司维修工作任务联系单

报修部门		报修时间		年　月　日　时
设备名称		设备型号/编号		/
报修人		联系电话		
维修部门负责人		联系电话		
质量评价				
验收意见				
验收人		日期		年　月　日
维修人		日期		年　月　日

2. 评分表

评价内容		分值	评分		
			自评	组评	师评
元器件定位安装	安装方法与步骤均正确,符合工艺要求				
	元器件安装美观、整洁				
布线	按电路图正确接线				
	布线方法与步骤均正确,符合工艺要求				
	布线横平、竖直、整洁有序,接线整洁美观				
	接点牢固、接头露铜长度适中,无反圈、压绝缘层、标记不清楚、标记号遗漏或误标等问题				
	施工中导线绝缘层或线芯无损伤				
通电试车	正常运行无故障				
	出现故障正常排除				
安全文明生产	遵守安全文明生产规程				
	施工完成后认真清理现场				
施工额定用时: 实际用时: 超时扣分:					
合计					

学习活动五 总 结 评 价

◆ 综合评价表

评价项目	评价内容	评价标准	评价主体		
			自我	同学	教师
职业素养	安全意识责任意识	A. 作风严谨、自觉遵守纪律、出色完成工作任务 B. 能够遵守规章制度,较好完成工作任务 C. 遵守规章制度,没完成工作任务 D. 不遵守规章制度,没完成工作任务			
	学习态度	A. 积极参与学习活动,全勤 B. 缺勤达到任务总学时的10% C. 缺勤达到任务总学时的20% D. 缺勤达到任务总学时的30%			
	团队合作	A. 与同学协作融洽,团队合作意识强 B. 与同学能沟通,协同工作能力较强 C. 与同学能沟通,协同工作能力一般 D. 与同学沟通困难,协同工作能力较差			

(续)

评价项目	评价内容	评价标准	评价主体		
			自我	同学	教师
专业能力	学习活动1 明确工作任务	A. 学习活动评价成绩为 90~100 分 B. 学习活动评价成绩为 75~89 分 C. 学习活动评价成绩为 60~74 分 D. 学习活动评价成绩为 0~59 分			
	学习活动2 相关知识学习	A. 学习活动评价成绩为 90~100 分 B. 学习活动评价成绩为 75~89 分 C. 学习活动评价成绩为 60~74 分 D. 学习活动评价成绩为 0~59 分			
	学习活动3 制订计划	A. 学习活动评价成绩为 90~100 分 B. 学习活动评价成绩为 75~89 分 C. 学习活动评价成绩为 60~74 分 D. 学习活动评价成绩为 0~59 分			
	学习活动4 任务实施	A. 学习活动评价成绩为 90~100 分 B. 学习活动评价成绩为 75~89 分 C. 学习活动评价成绩为 60~74 分 D. 学习活动评价成绩为 0~59 分			
创新能力		学习过程中提出具有创新性、可行性的建议	加分		
班级		姓名	综合评价等级		

课后思考

一、填空题

1. 要使三相异步电动机反转，就必须改变通入电动机定子绕组的（　　　），即把接入电动机三相电源进线中的（　　　）接线对调即可。

2. 倒顺开关接线时，应将开关两侧进线中的（　　　）相互调换，并保证标记 L1、L2、L3 接（　　　），标记为 U、V、W 接电动机。

3. 主电路是指（　　　）的动力装置及控制、保护电器的支路等，是电源向负载提供（　　　）的电路。

4. 生产机械运动部件在正、反（　　　）方面运动时，一般要求电动机能实现（　　　）控制。

5. 为保证人身安全，在通电试运行时，要认真执行安全操作规程的有关规定，一人（　　　），一人（　　　）。

二、判断题

（　　）1. 用倒顺开关控制电动机的正反转时，可以直接把手柄由"顺"扳至"倒"的位置，使电动机反转。

（　　）2. 流过主电路和辅助电路中的电流相等。

（　　）3. 在接触器联锁正反转控制电路中，正、反转接触器的主触头有时可以同时闭合。

(　　) 4. 为了保证三相异步电动机实现反转，正、反转接触器的主触头必须按相同的相序并接后串联在主电路中。

(　　) 5. 倒顺开关进出线接错易造成两相电源短路。

三、单项选择题

(　　) 1. 在接触器联锁正反转控制电路中，其联锁触头应是对方接触器的（　　）。
　　　　A. 主触头　　　　　　　B. 辅助常开触头　　　　C. 辅助常闭触头

(　　) 2. 倒顺开关在使用时，必须将接地线接到倒顺开关的（　　）。
　　　　A. 指定的接地螺钉上　　B. 罩壳上　　　　　　　C. 手柄上

(　　) 3. 在操作接触器联锁正反转控制电路时，要使电动机从正转变为反转，正确的操作方法是（　　）。
　　　　A. 可直接按下反转起动按钮
　　　　B. 可直接按下正转起动按钮
　　　　C. 先按下停止按钮，再按下反转起动按钮

(　　) 4. 主电路的编号在电源开关的进线端按相序依次为（　　）。
　　　　A. U、V、W　　　　　　B. L1、L2、L3　　　　　C. U11、V11、W11

四、问答及作图题

1. 联锁的定义是什么？
2. 画出接触器联锁正反转控制电路，并说明工作原理。
3. 画出接触器联锁正反转控制电路接线图。
4. 画出按钮、接触器双重联锁正反转控制电路，并说明工作原理。
5. 画出按钮、接触器双重联锁正反转控制电路接线图。

学习任务六

卧式铣镗床自动往返控制电路的安装与检修

 学习目标：

1. 能通过阅读工作任务联系单和现场勘察，明确任务要求。
2. 能认识行程开关的外观、结构、图形符号、文字符号。
3. 会识读原理图并根据原理图绘制安装图、接线图。
4. 能掌握位置控制与自动往返控制电路的工作原理。
5. 能用仪表检测电路安装的正确性，按照安全操作规程正确通电试运行，然后按照要求清理施工现场，标注控制功能的铭牌标签。

 工作情景描述：

在生产过程中，一些生产机械运动部件的行程或位置要受到限制，如在摇臂钻床、万能铣床、镗床、桥式起重机及各种自动或半自动控制机床设备中就经常遇到这种控制要求。而有些生产机械的工作台要求在一定行程内自动往返运动，以便实现对工件的连续加工，提高生产效率，如行车的自动往返运动。因此，本次任务是学习并安装位置控制与自动往返控制电路。

学习活动一　明确工作任务

＿＿＿＿＿＿＿公司维修工作任务联系单

报修部门		报修时间		年　月　日　时
设备名称		设备型号/编号		/
报修人		联系电话		
故障现象				
故障排除记录				
解决方法				
维修时间		计划工时		
维修人		日期		年　月　日　时

学习任务六　卧式铣镗床自动往返控制电路的安装与检修

阅读工作任务联系单，查阅行车相关资料，回答下列问题：
1）本次任务都有哪些新的元器件？
2）这些元器件在位置控制与自动往返控制电路中有什么作用？
3）本次任务对电动机的控制要求是怎样的？

学习活动二　学习相关知识

◆ **引导问题**

1）什么是行程开关？其作用是什么？它的结构原理、图形符号及型号含义是怎样的？
2）行程开关与按钮比较，有哪些异同？
3）什么是位置控制？根据设计要求设计位置控制电路，并对原理进行分析。
4）说明在实际生产中自动往返控制电路有什么作用？
5）分析自动往返控制电路的工作原理，并说明在实际生产中自动往返控制电路有什么作用？
6）对位置控制电路和自动往返控制电路进行故障检修训练时应注意哪些问题？

◆ **咨询资料**

一、行程开关

1. 行程开关的功能

行程开关是一种利用生产机械某些运动部件的碰撞来发出控制指令的主令电器。它主要用于控制生产机械的运动方向、速度、行程大小或位置，是一种自动控制电器。

如图6-1所示是YBLX—1系列行程开关，与按钮的结构比较可知，行程开关的作用原理与按钮相同，区别在于它不是靠手指的按压使其触头动作，而是利用生产机械运动部件的碰压使其触头动作，从而将机械信号转变为电信号，使运动机械按一定的位置或行程实现自动停止、反向运动、变速运动或自动往返运动等。

图6-1　YBLX—1系列行程开关

2. 行程开关的结构原理、图形符号及型号含义

机床中常用的行程开关有LX19和JLXK1等系列，各系列行程开关的基本结构大体相同，都是由操作机构、触头系统和外壳组成，如图6-2a所示，行程开关在电路图中的图形符号如图6-2c所示。

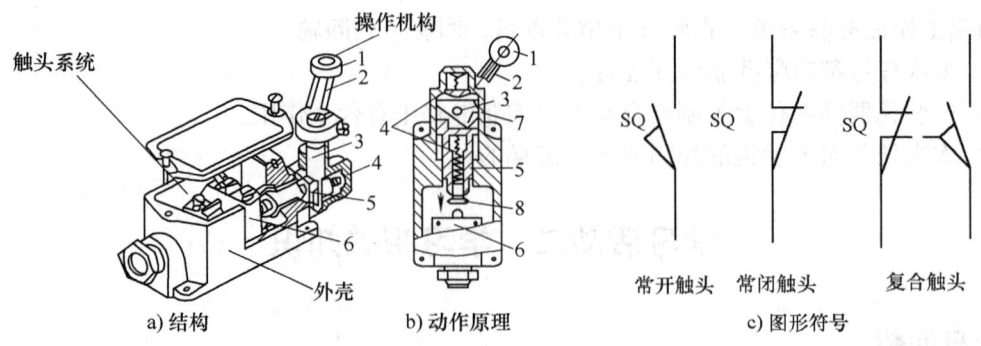

图 6-2 JLXK1 型行程开关的结构和动作原理
1—滚轮 2—杠杆 3—转轴 4—复位弹簧 5—撞块 6—微动开关 7—凸轮 8—调节螺钉

以某行程开关为基础，装置不同的操作机构，可以得到各种不同形式的行程开关，常见的有按钮式（直动式）和旋转式（滚轮式）。JLXK1 系列行程开关的外形如图 6-3 所示，LX19 系列行程开关的外形与 JLXK1 系列相似。

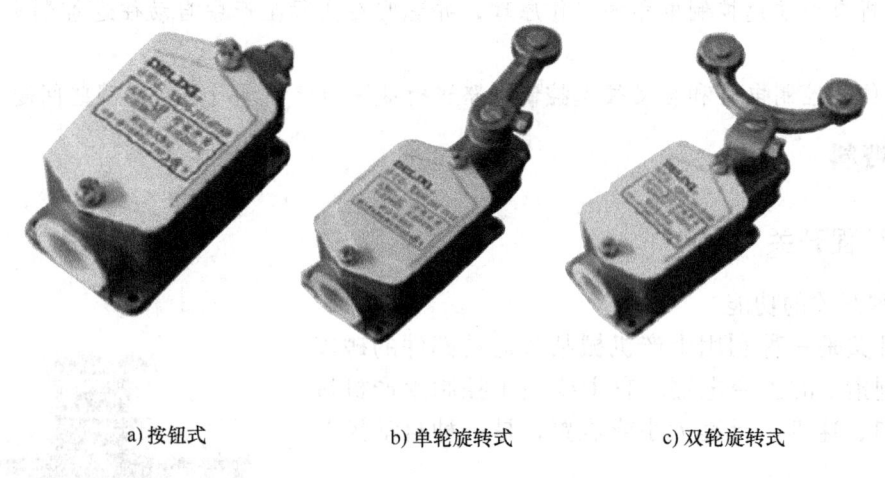

图 6-3 JLXK1 系列行程开关的外形

JLXK1 系列行程开关的动作原理如图 6-2b 所示。当运动部件的挡铁碰压行程开关的滚轮 1 时，杠杆 2 连同转轴 3 一起转动，使凸轮 7 推动撞块 5。当撞块被压到一定位置时，推动微动开关 6 快速动作，使其常闭触头断开，常开触头闭合。

行程开关的触头类型有一常开一常闭、一常开二常闭、二常开一常闭、二常开二常闭等形式；触头动作方式可分为瞬时动作、蠕动和交叉从动式三种；触头动作后的复位方式有自动复位和非自动复位两种。

LX19 和 JLXK1 系列行程开关的主要技术数据见表 6-1。

表 6-1　LX19 和 JLXK1 系列行程开关的主要技术数据

型号	工作范围	结构特点	触头对数 常开	触头对数 常闭	工作行程	超行程	触头转换时间
LX19	380	元件	1	1	3mm	1mm	≤0.04s
LX19—111	5A	单轮,滚轮装在传动杆内侧,能自动复位	1	1	≈30°	≈20°	
LX19—121		单轮,滚轮装在传动杆外侧,能自动复位	1	1	≈30°	≈20°	
LX19—131		单轮,滚轮装在传动杆凹槽内,能自动复位	1	1	≈30°	≈20°	
LX19—212		双轮,滚轮装在U形传动杆内侧,不能自动复位	1	1	≈30°	≈15°	
LX19—222		双轮,滚轮装在U形传动杆外侧,不能自动复位	1	1	≈30°	≈15°	
LX19—232		双轮,滚轮装在U形传动杆内外侧各一个,不能自动复位	1	1	≈30°	≈15°	
LX19—001		无滚轮,仅有径向传动杆,能自动复位	1	1	<4mm	3mm	
JLXK1—111	500V	单轮防护式	1	1	12~15°	≤30°	
JLXK1—211	5A	双轮防护式	1	1	≈45°	≤45°	
JLXK1—311		直动防护式	1	1	1~3mm	2~4mm	
JLXK1—411		直动滚轮防护式	1	1	1~3mm	2~4mm	

LX19 系列和 JLXK1 系列行程开关的型号及含义如下:

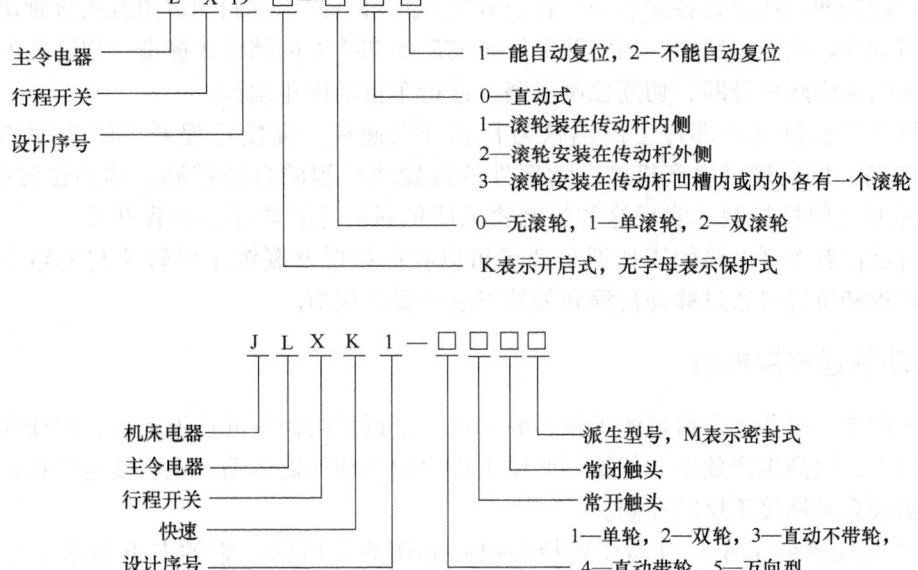

3. 行程开关的选择

行程开关的主要参数有型号、工作行程、额定电压及触头的电流容量，在产品说明书中都有详细说明。主要根据动作要求、安装位置及触头数量来选择。

4. 行程开关的安装与使用

1) 行程开关安装时，其位置要准确，安装要牢固；滚轮的方向不能装反，挡铁与碰撞的位置应符合控制电路的要求，并确保能可靠地与挡铁碰撞。

2) 行程开关在使用中，要定期检查和保养，除去油垢及粉尘，清理触头，经常检查其动作是否灵活、可靠，及时排除故障，防止因行程开关触头接触不良或接线松脱产生误动作，从而导致设备和人身安全事故。

5. 行程开关常见故障及处理方法

行程开关的常见故障及处理方法见表 6-2。

表 6-2 行程开关的常见故障及处理方法

故 障 现 象	可 能 的 原 因	处 理 方 法
挡铁碰撞行程开关后，触头不动作	(1) 安装位置不准确 (2) 触头接触不良或接线松脱 (3) 触头弹簧失效	(1) 调整安装位置 (2) 清理触头或紧固接线 (3) 更换弹簧
杠杆已经偏转或无外界机械力作用，但触头不复位	(1) 复位弹簧失效 (2) 内部撞块卡阻 (3) 调节螺钉太长，顶住微动开关	(1) 更换弹簧 (2) 清扫内部杂物 (3) 检查调节螺钉

二、位置控制电路

如图 6-4 所示是工厂车间里经常采用的位置控制电路，图的右下角是行车运动示意图，在行车运行路线的两端终点处各安装一个行程开关 SQ1 和 SQ2，它们的常闭触头分别串联在正转控制电路和反转控制电路中。当安装在行车前后的挡铁 1 或挡铁 2 撞击行程开关的滚轮时，行程开关的常闭触头分断，切断控制电路，使行车自动停止运行。

这种利用生产机械运动部件上的挡铁与行程开关碰撞，促使行程开关触头动作，来接通或断开电路，以实现对生产机械运动部件的位置或行程的自动控制，称为位置控制，又称为行程控制或限位控制。实现这种控制要求所依靠的主要电器是行程开关。

图 6-4 所示位置控制电路的工作原理读者可以参照接触器联锁正反转控制电路自行分析。行车的行程和位置可通过移动行程开关的安装位置来调节。

三、自动往返控制电路

在实际生产中，有些生产机械的工作台要求在一定行程内做自动往返运动，以便实现对工件的连续加工，提高生产效率。例如：磨床工作台的自动往返运动，就需要电气控制电路能对电动机实现自动换接正反转控制。

由行程开关控制的工作台自动往返控制电路如图 6-5 所示。它的右下角是工作台自动往返运动示意图。为了使电动机的正反转控制与工作台的左右运动相配合，在控制电路中安装了四个行程开关 SQ1、SQ2、SQ3 和 SQ4，并把它们安装在工作台需要限位的地方。其中 SQ1、SQ2 用来自动换接电动机正反转控制电路，实现工作台的自动往返行程控制；SQ3 和 SQ4 用作终端保护，防止 SQ1、SQ2 失灵后工作台越过限定位置而造成事故。在工作台边的 T 形槽中装有两块挡铁，挡铁 1 只能和 SQ1、SQ3 碰撞，挡铁 2 只能和 SQ2、SQ4 碰撞。当工作台运动到所限位置时，挡铁碰撞行程开关，使其触头动作，自动换接电动机正反转控制电路，通过机械传动机构控制工作台自动往返运动。工作台行程可通过移动挡铁位置来调节，拉大两块挡铁间的距离，行程变短，反之变长。

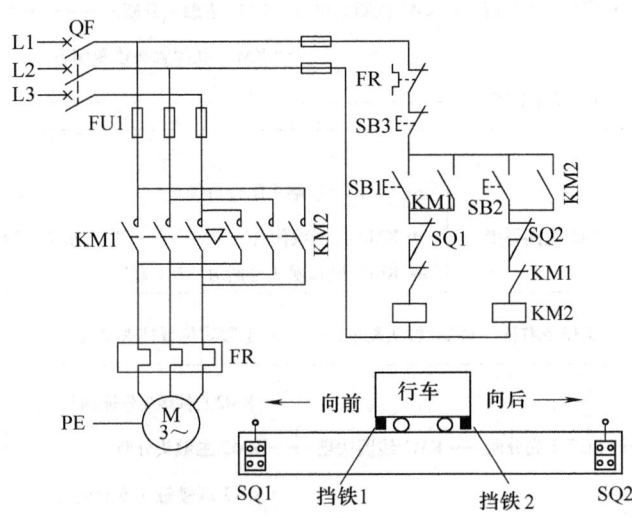

图 6-4 位置控制电路

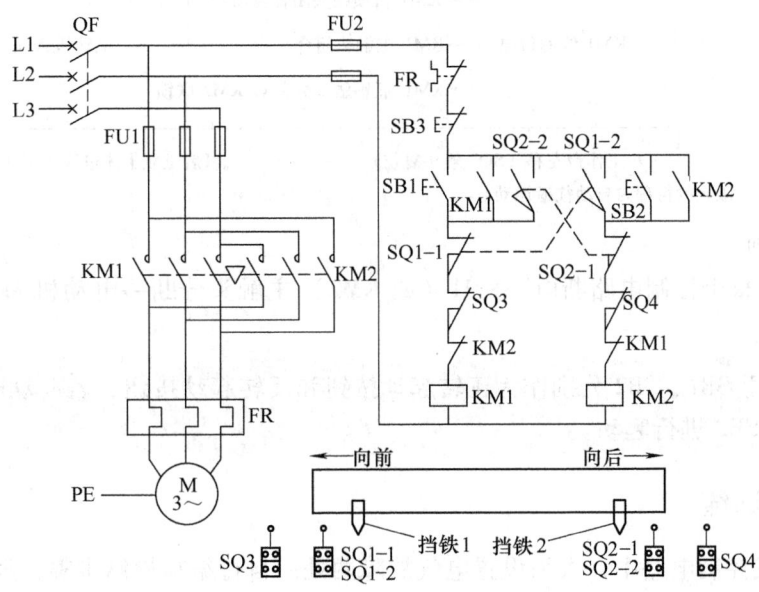

图 6-5 工作台自动往返控制电路

该电路的工作原理如下：
1. 自动往返控制

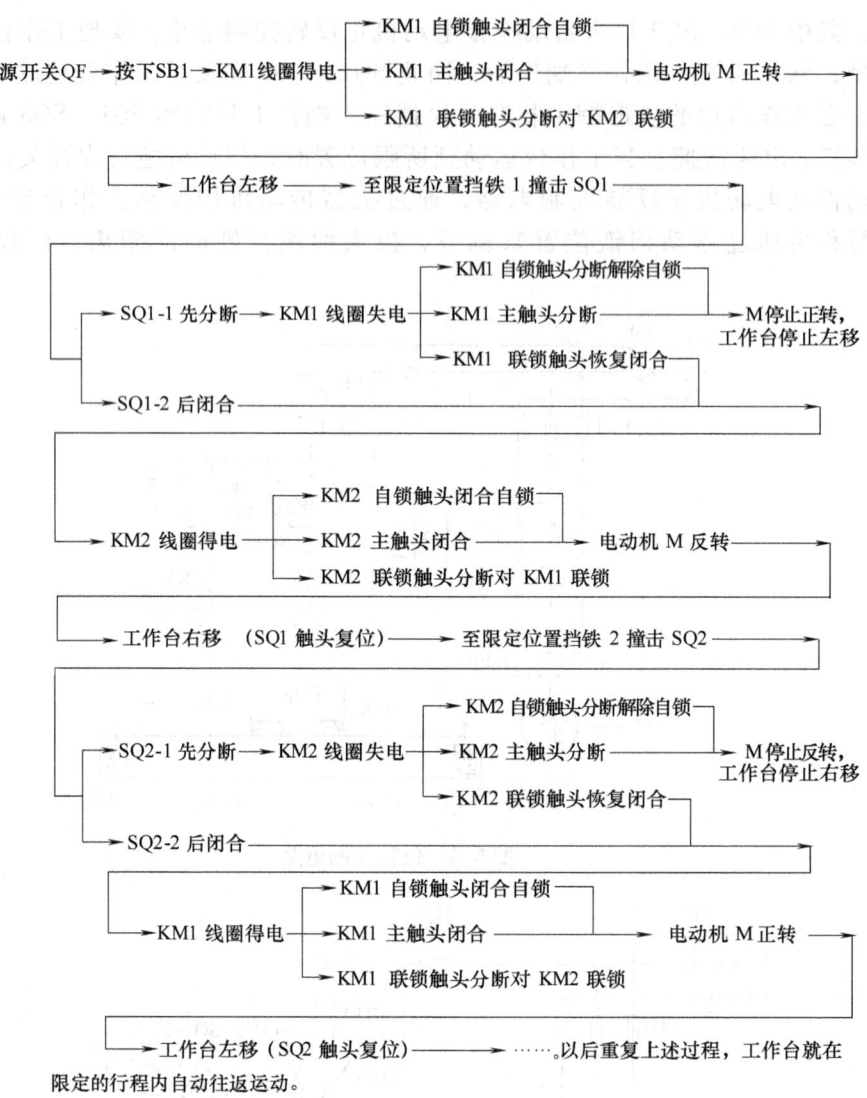

2. 停止控制

按下 SB3→整个控制电路断电→KM1（或 KM2）主触头分断→电动机 M 断电停转→工作台停止运行。

> 注意：这里 SB1、SB2 分别作为正转起动按钮和反转起动按钮，若起动时工作台在左端，则应按下 SB2 进行起动。

四、检修训练

在主电路或控制电路中，人为设置电气故障两处。自行编写检修步骤，经指导老师审查合格后开始检修。检修注意事项如下：

1）检修前，要先掌握电路图中各个控制环节的作用和原理。
2）检修过程中，严禁扩大和产生新的故障，否则，要立即停止检修。
3）检修思路和方法要正确。

4）寻找故障原因时，不要漏检行程开关，并且严禁在行程开关 SQ3、SQ4 上设置故障。
5）带电检修故障时，必须有指导老师在现场监护，并要确保用电安全。
6）检修必须在定额时间内完成。

注意：电气故障检修的一般步骤和方法，详细内容见学习任务二和学习任务三电气故障检修部分。

学习活动三　制订工作计划

根据任务要求，结合现场勘查掌握的实际情况及任务实施的基本步骤，制订小组工作计划，并对小组成员进行分工。

（一）小组成员分工表

姓　名	分　工

（二）工具、材料清单

序　号	名　称	型号规格	单　位	数　量

（三）工序及工期安排

序　号	工作内容	完成时间	备　注

注：根据任务要求，此任务应先拆除旧电路，再安装新电路。

（四）安全防护措施

1）电源管理，如果维修时间较长，必须将设备与电源隔离，电源开关断开后，粘贴三角形红色提醒标志。

2）接地保护，将机床外壳与接地线连接或重复接地。

学习活动四 任务实施

施工步骤、板前明线布线工艺要求、自检提示、通电试运行提示，可参照学习任务一中的相关内容。

◆ **故障检查修复记录**

检修步骤	过程记录
观察到的故障现象	
分析故障现象原因	
确定故障范围，找到故障点	
排除故障	

◆ **项目验收**

1. 项目验收表

_____公司维修工作任务联系单

报修部门		报修时间	年 月 日 时
设备名称		设备型号/编号	/
报修人		联系电话	
维修部门负责人		联系电话	
质量评价			
验收意见			
验收人		日期	年 月 日
维修人		日期	年 月 日

2. 评分表

评价内容		分值	评分		
			自评	组评	师评
元器件定位安装	安装方法与步骤均正确，符合工艺要求				
	元器件安装美观、整洁				
布线	按电路图正确接线				
	布线方法与步骤均正确，符合工艺要求				
	布线横平、竖直、整洁有序，接线整洁美观				
	接点牢固、接头露铜长度适中，无反圈、压绝缘层、标记不清楚、标记号遗漏或误标等问题				
	施工中导线绝缘层或线芯无损伤				

学习任务六　卧式铣镗床自动往返控制电路的安装与检修

(续)

评价内容		分值	评分		
			自评	组评	师评
通电试运行	正常运行无故障				
	出现故障正常排除				
安全文明生产	遵守安全文明生产规程				
	施工完成后认真清理现场				
施工额定用时：　　实际用时：　　超时扣分：					
合计					

学习活动五　总结评价

◆ **综合评价表**

评价项目	评价内容	评价标准	评价主体		
			自我	同学	教师
职业素养	安全意识 责任意识	A. 作风严谨、自觉遵守纪律、出色完成工作任务 B. 能够遵守规章制度，较好完成工作任务 C. 遵守规章制度，没完成工作任务 D. 不遵守规章制度，没完成工作任务			
	学习态度	A. 积极参与学习活动，全勤 B. 缺勤达到任务总学时的10% C. 缺勤达到任务总学时的20% D. 缺勤达到任务总学时的30%			
	团队合作	A. 与同学协作融洽，团队合作意识强 B. 与同学能沟通，协同工作能力较强 C. 与同学能沟通，协同工作能力一般 D. 与同学沟通困难，协同工作能力较差			
专业能力	学习活动1 明确工作任务	A. 学习活动评价成绩为90~100分 B. 学习活动评价成绩为75~89分 C. 学习活动评价成绩为60~74分 D. 学习活动评价成绩为0~59分			
	学习活动2 相关知识学习	A. 学习活动评价成绩为90~100分 B. 学习活动评价成绩为75~89分 C. 学习活动评价成绩为60~74分 D. 学习活动评价成绩为0~59分			

(续)

评价项目	评价内容	评价标准	评价主体		
			自我	同学	教师
专业能力	学习活动3 制订计划	A. 学习活动评价成绩为 90~100 分 B. 学习活动评价成绩为 75~89 分 C. 学习活动评价成绩为 60~74 分 D. 学习活动评价成绩为 0~59 分			
	学习活动4 任务实施	A. 学习活动评价成绩为 90~100 分 B. 学习活动评价成绩为 75~89 分 C. 学习活动评价成绩为 60~74 分 D. 学习活动评价成绩为 0~59 分			
创新能力		学习过程中提出具有创新性、可行性的建议	加分		
班级		姓名	综合评价等级		

 课后思考

1. 举例说明位置控制电路的应用。
2. 画出位置控制电路,并说明工作原理。
3. 画出位置控制电路接线图。
4. 分析位置控制电路与接触器联锁正反转控制电路的异同。
5. 举例说明自动往返控制电路的应用。
6. 画出自动往返控制电路,并说明工作原理。
7. 画出自动往返控制电路接线图。
8. 分析自动往返控制电路与按钮、接触器双重联锁正反转控制电路的异同。
9. 什么是行程开关。

学习任务七

传送带运输机顺序控制电路的安装与检修

学习目标：

1. 能通过阅读工作任务联系单和现场勘察，明确任务要求。
2. 能掌握传送带运输机对电动机的拖动要求，并能设计符合要求的电气控制电路。
3. 能识别和选用元器件，按图样、工艺要求、安全规程等要求，安装元器件，连接电路。
4. 能用仪表检测电路安装的正确性，按照安全操作规程正确通电试运行，然后按照要求清理施工现场，标注控制功能的铭牌标签。

工作情景描述：

在实际生产中，有很多领域会用到传送带运输机，运输机上的两台或多台电动机有时需要按一定的顺序起动或停止，才能保证操作过程的合理和工作的安全可靠。对机床来说，由于各电动机所起的作用是不同的，如：机床的主轴电动机起动后，冷却泵电动机才能起动，这就需要对电动机进行顺序控制。本次任务就是学习安装三相异步电动机顺序控制电路。

学习活动一　明确工作任务

_____公司维修工作任务联系单

报修部门		报修时间	年　月　日　时
设备名称		设备型号/编号	/
报修人		联系电话	
故障现象			
故障排除记录			
解决方法			
维修时间		计划工时	
维修人		日期	年　月　日　时

阅读工作任务联系单,查阅传送带运输机的相关资料,回答下列问题:
1)为什么要对传送带运输机上的电动机实施顺序控制?
2)顺序控制有什么特点?
3)顺序控制电路常见的故障原因有哪些?如何避免?

学习活动二　学习相关知识

◆ 引导问题

1)什么是顺序控制?
2)顺序控制方式有哪些?
3)顺序控制电路的特点是什么?

◆ 咨询资料

在装有多台电动机的生产机械上,各电动机所起的作用是不同的,有时需要按照一定的顺序起动或停止,才能保证操作过程的合理和工作的安全可靠。例如:X6132型万能铣床要求主轴电动机起动后,进给电动机才能起动;而M7120型平面磨床则要求砂轮电动机起动后,冷却泵电动机才能起动。

这种要求几台电动机的起动或停止,必须按照一定的先后顺序来完成的控制方式,叫做电动机的顺序控制。

1. 主电路实现顺序控制

如图7-1所示是主电路实现电动机顺序控制的电路。该电路的特点是电动机M2的主电路接在KM(或KM1)主触头的下面。

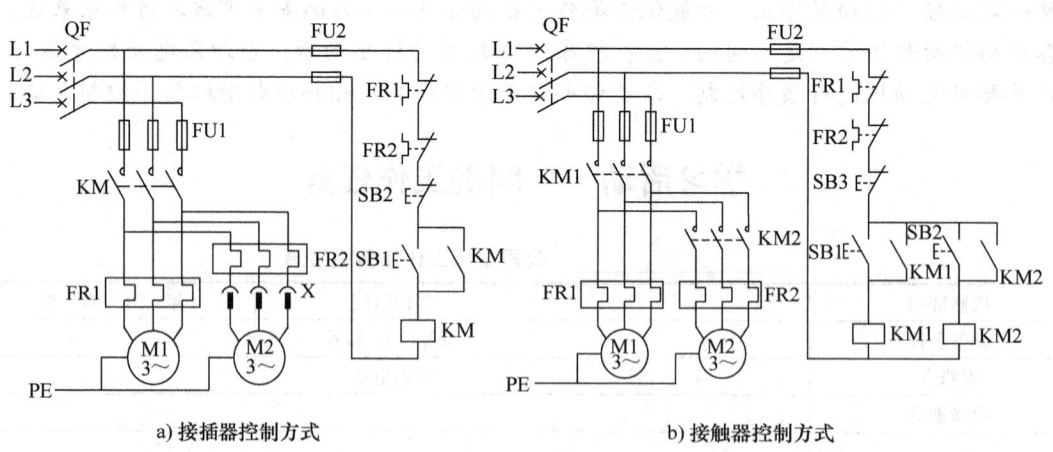

a) 接插器控制方式　　　　　b) 接触器控制方式

图7-1　主电路实现电动机顺序控制的电路

在图7-1a所示电路中,电动机M2是通过接插器X接在接触器KM主触头的下面,因此,只有当KM主触头闭合,电动机M1起动运转后,电动机M2才可能接通电源运行。M7120型平面磨床的砂轮电动机和冷却泵电动机,就采用了这种顺序控制方式。

在图 7-1b 所示电路中，电动机 M1 和 M2 分别通过接触器 KM1 和 KM2 来控制，接触器 KM2 的主触头接在接触器 KM1 主触头的下面，这样就保证了当 KM1 主触头闭合，电动机 M1 起动运行后，电动机 M2 才能接通电源运行。

电路的工作原理如下：

（1）起动控制

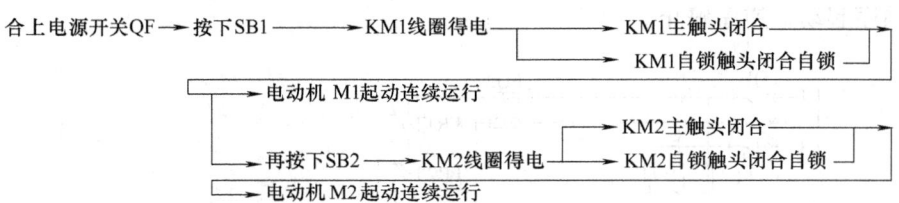

（2）停止控制

按下 SB3→控制电路断电→KM1、KM2 主触头分断→M1、M2 同时停止运行

2. 控制电路实现顺序控制

思考题一：试设计两台电动机的顺序控制电路（即电动机 M1 不起动，电动机 M2 起动不了），停止时同时停止。当其中任意一台电动机发生过载时，两台电动机都必须停止运行。

控制要求如下：

1）用控制电路实现。

2）电路具有短路、过载、失电压、欠电压等保护功能。

思考题二：试设计两台电动机的顺序控制电路（即电动机 M1 不起动，电动机 M2 起动不了），停止时，电动机 M2 可以随时停止，当电动机 M1 停止时，两台电动机同时停止。当其中任意一台电动机发生过载时，两台电动机都必须停止运行。

控制要求如下：

1）用控制电路实现。

2）电路具有短路、过载、失电压、欠电压等保护功能。

思考题三：试设计两台电动机的顺序控制电路（即电动机 M1 不起动，电动机 M2 起动不了），停止时，电动机 M2 不停止，电动机 M1 停不了，两台电动机同时停止。当其中任意一台电动机发生过载时，两台电动机都必须停止运行。

设计要求如下：

1）用控制电路实现。

2）电路具有短路、过载、失电压、欠电压等保护功能。

常用的几种通过控制电路实现电动机顺序控制的电路如图 7-2 所示。

图 7-2a 所示控制电路的特点是：电动机 M2 的控制电路与接触器 KM1 的线圈并联后再与 KM1 的自锁触头串联，这样就保证了 M1 起动后，M2 才能起动的顺序控制要求。电路的工作原理与图 7-1b 所示电路的工作原理相同。

如图7-2b所示控制电路的特点是：在电动机M2的控制电路中，串联了接触器KM1的辅助常开触头。显然，只要M1不起动，即使按下SB21，由于KM1的辅助常开触头未闭合，KM2线圈也不能得电，从而保证了M1起动后，M2才能起动的控制要求。电路中停止按钮SB12控制两台电动机同时停止，SB22控制M2的单独停止。

图7-2c所示控制电路是在图7-2b所示电路中的SB12的两端并联了接触器KM2的辅助常开触头，从而实现了M1起动后，M2才能起动；M2停止后，M1才能停止的控制要求，即M1、M2是顺序起动，逆序停止。

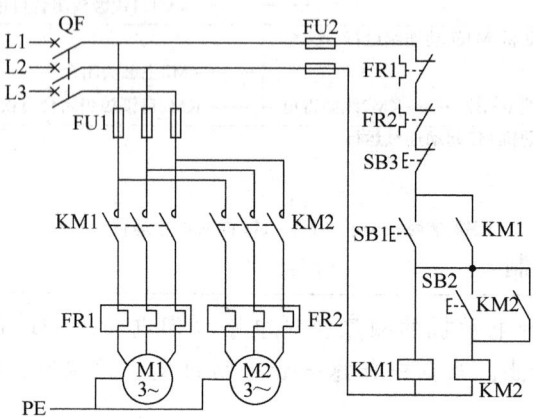

a) 顺序起动同时停止

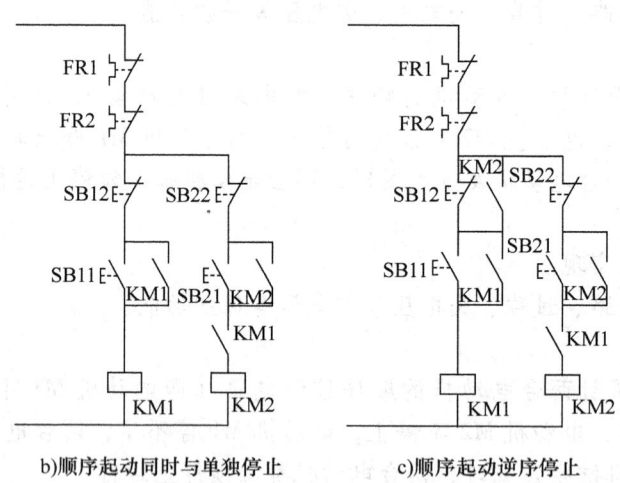

b) 顺序起动同时与单独停止　　　　c) 顺序起动逆序停止

图7-2　控制电路实现顺序控制的电路

如图7-3所示为三条传送带运输机工作示意图。对于这三条传送带运输机的电气控制要求是：

1）起动顺序为1号、2号、3号，即顺序起动，以防止货物在带上堆积。

2）停止顺序为3号、2号、1号，即逆序停止，以保证停车后带上不残存货物。

3）当1号或2号出现故障停车时，3号能随即停车，以免继续进料。

试画出三条传送带运输机的控制电路,并叙述其工作原理。

通过分析可知,能满足三条传送带运输机电气控制要求的电路如图7-4所示。三台电动机都用熔断器和热继电器作短路和过载保护,三台电动机中任何一台出现过载故障,三台电动机都会停车。电路的工作原理读者可自行分析。

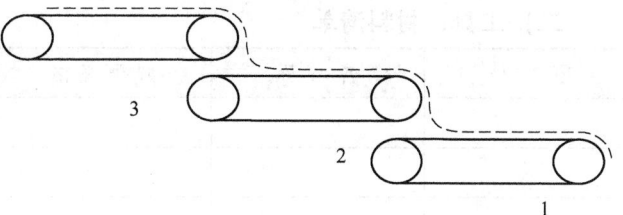

图7-3 三条传送带运输机工作示意图

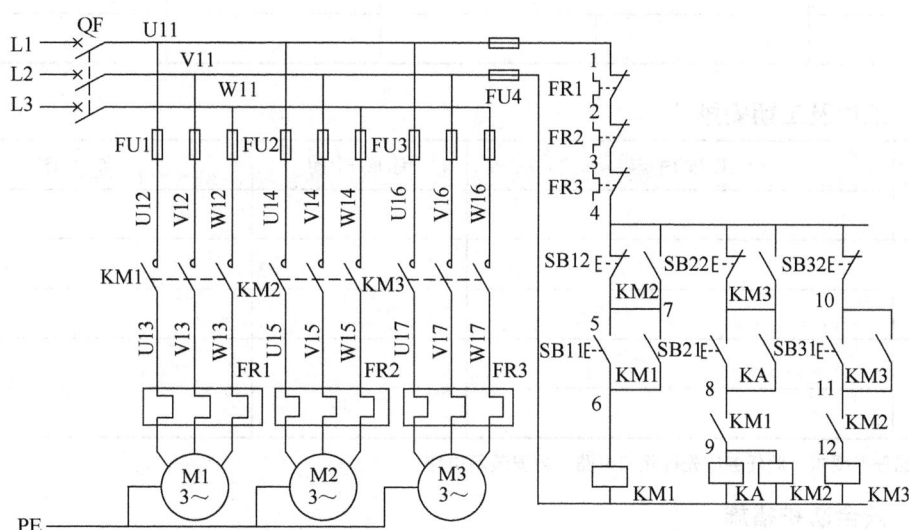

图7-4 三条传送带运输机顺序起动、逆序停止控制电路

学习活动三 制订工作计划

根据任务要求,结合现场勘查掌握的实际情况及任务实施的基本步骤,制订小组工作计划,并对小组成员进行分工。

（一）小组成员分工表

姓 名	分 工

（二）工具、材料清单

序　号	名　称	型号规格	单　位	数　量

（三）工序及工期安排

序　号	工作内容	完成时间	备　注

注：根据任务要求，此任务应先拆除旧电路，再安装新电路。

（四）安全防护措施

1）电源管理，如果维修时间较长，必须将设备与电源隔离，电源开关断开后，粘贴三角形红色提醒标志。

2）接地保护，将机床外壳与接地线连接或重复接地。

学习活动四　任务实施

施工步骤、板前明线布线工艺要求、自检提示、通电试运行提示，可参照学习任务一中的相关内容。

◆ 故障检查修复记录

检修步骤	过程记录
观察到的故障现象	
分析故障现象原因	
确定故障范围，找到故障点	
排除故障	

◆ 项目验收

1. 项目验收表

_____公司维修工作任务联系单

报修部门		报修时间	年 月 日 时
设备名称		设备型号/编号	/
报修人		联系电话	
维修部门负责人		联系电话	
质量评价			
验收意见			
验收人		日期	年 月 日
维修人		日期	年 月 日

2. 评分表

	评价内容	分值	评分		
			自评	组评	师评
元器件定位安装	安装方法与步骤均正确，符合工艺要求				
	元器件安装美观、整洁				
布线	按电路图正确接线				
	布线方法与步骤均正确，符合工艺要求				
	布线横平、竖直、整洁有序，接线整洁美观				
	接点牢固、接头露铜长度适中，无反圈、压绝缘层、标记不清楚、标记号遗漏或误标等问题				
	施工中导线绝缘层或线芯无损伤				
通电试运行	正常运行无故障				
	出现故障正常排除				
安全文明生产	遵守安全文明生产规程				
	施工完成后认真清理现场				
施工额定用时： 实际用时： 超时扣分：					
合计					

学习活动五　总 结 评 价

◆ **综合评价表**

评价项目	评价内容	评价标准	评价主体		
			自我	同学	教师
职业素养	安全意识 责任意识	A. 作风严谨、自觉遵守纪律、出色完成工作任务 B. 能够遵守规章制度，较好完成工作任务 C. 遵守规章制度，没完成工作任务 D. 不遵守规章制度，没完成工作任务			
	学习态度	A. 积极参与学习活动，全勤 B. 缺勤达到任务总学时的10% C. 缺勤达到任务总学时的20% D. 缺勤达到任务总学时的30%			
	团队合作	A. 与同学协作融洽，团队合作意识强 B. 与同学能沟通，协同工作能力较强 C. 与同学能沟通，协同工作能力一般 D. 与同学沟通困难，协同工作能力较差			
专业能力	学习活动1 明确工作任务	A. 学习活动评价成绩为90~100分 B. 学习活动评价成绩为75~89分 C. 学习活动评价成绩为60~74分 D. 学习活动评价成绩为0~59分			
	学习活动2 相关知识学习	A. 学习活动评价成绩为90~100分 B. 学习活动评价成绩为75~89分 C. 学习活动评价成绩为60~74分 D. 学习活动评价成绩为0~59分			
	学习活动3 制订计划	A. 学习活动评价成绩为90~100分 B. 学习活动评价成绩为75~89分 C. 学习活动评价成绩为60~74分 D. 学习活动评价成绩为0~59分			
	学习活动4 任务实施	A. 学习活动评价成绩为90~100分 B. 学习活动评价成绩为75~89分 C. 学习活动评价成绩为60~74分 D. 学习活动评价成绩为0~59分			
创新能力		学习过程中提出具有创新性、可行性的建议	加分		
班级		姓名		综合评价等级	

课后思考

1. 什么是顺序控制？其控制电路的特点是什么？
2. 两台电动机如何实现逆序停止？
3. 顺序起动逆序停止控制电路如何操作？
4. 画出顺序起动逆序停止控制电路，并说明工作原理。
5. 画出顺序起动逆序停止控制电路接线图。

学习任务八

车床主轴两地控制电路的安装与检修

学习目标：

1. 能通过阅读工作任务单和现场勘察，明确任务要求。
2. 掌握车床两地控制的应用特点，并能将思想应用到相关电气控制中。
3. 能识别和选用元器件，按图样、工艺要求、安全规程等要求，安装元器件，连接电路。
4. 能用仪表检测电路安装的正确性，按照安全操作规程正确通电试运行，然后按照要求清理施工现场，标注控制功能的铭牌标签。

工作情景描述：

某加工车间的车床主轴两地控制电路出现绝缘老化、故障频繁出现等现象，对生产加工造成严重影响，需要进行检测与重新安装，要求在规定的期限完成安装、调试，并交有关人员验收。

学习活动一　明确工作任务

＿＿＿＿＿＿公司维修工作任务联系单

报修部门		报修时间		年　月　日　时
设备名称		设备型号/编号		/
报修人		联系电话		
故障现象				
故障排除记录				
解决方法				
维修时间		计划工时		
维修人		日期		年　月　日　时

阅读工作任务联系单，查阅砂轮机的相关资料，回答下列问题：
1）车床主轴两地控制电路有什么特点？
2）一般哪些生产设备会应用到两地控制？

学习活动二　学习相关知识

◆ **引导问题**

1）什么是多地控制电路？
2）多地控制电路的特点是什么？
3）试画出能在两地控制同一台电动机的接触器自锁正转控制电路。控制要求：
① 操作者在甲地可以控制电动机的起动和停止，在乙地也可以控制电动机的起动和停止。
② 电动机要具有短路、过载、欠电压及失电压等保护功能。
4）接触器自锁两地控制电路安装、测试的技术要求有哪些？
5）简述你在故障检修时查找故障点的方法。

◆ **咨询资料**

1. 多地控制电路

在两地或多地控制同一台电动机的控制方式叫做电动机的多地控制。图 8-1 所示为两地控制的具有过载保护功能的接触器自锁正转控制电路。其中 SB11、SB12 为安装在甲地的起动按钮和停止按钮；SB21、SB22 为安装在乙地的起动按钮和停止按钮。该电路的特点是：两地的起动按钮 SB11、SB21 要并联在一起；停止按钮 SB12、SB22 要串联在一起。这样就可以分别在甲、乙两地起动和停止同一台电动机，达到操作方便的目的。

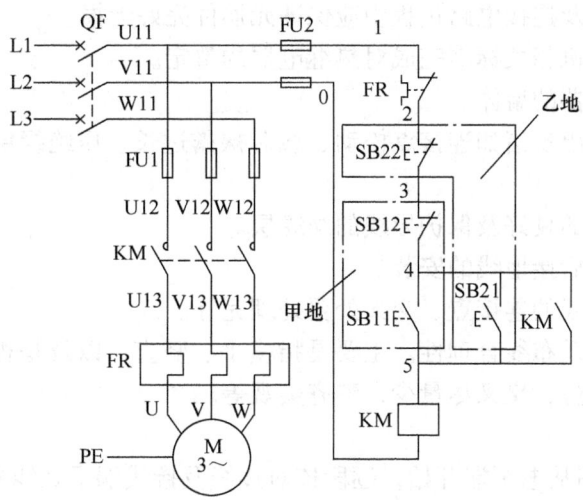

图 8-1　两地控制电路

对三地或多地控制，只要把各地的起动按钮并联、停止按钮串联就可以实现了。

2. 安装工艺要求

1）按电器布置图在控制板上安装电器，断路器、熔断器的受电端子应安装在控制板的外侧，并确保熔断器的受电端为底座的中心端。

2）各元器件的安装位置应整齐、匀称、间距合理，便于元器件的更换。

3）紧固各元器件时，用力要均匀，紧固程度要适当。在紧固熔断器、接触器等易碎元器件时，应该用手按住元器件一边轻轻摇动，一边用螺钉旋具轮换旋紧对角线上的螺钉，直到手摇不动时，再适当旋紧一些。

3. 板前明线布线工艺要求

1）布线通道要尽可能少，同路并行导线按主电路、控制电路分类集中、单层密排，紧贴安装板布线。

2）同一平面的导线应高低一致或前后一致，不能交叉。非交叉不可时，该导线应在接线端子引出时水平架空跨越，并且必须走线合理。

3）布线应横平竖直、分布均匀。变换走向时应垂直转向。

4）布线时严禁损伤线芯和导线绝缘层。

5）布线顺序一般以接触器为中心，按照由里向外、由低至高、先控制电路、后主电路的顺序进行，以不妨碍后续布线为原则。

6）在每根剥去绝缘层导线的两端套上编码套管。所有从一个接线端子（或接线桩）到另一个接线端子（或接线桩）的导线必须连续，中间无接头。

7）导线与接线端子或接线桩连接时，不得压绝缘层、不反圈及不露铜过长。同一元器件、同一回路的不同连接点的导线间距离应保持一致。

8）一个元器件接线端子上的连接导线不得多于两根，每节接线端子板上的连接导线一般只允许连接一根。

4. 技术规范

1）能够按照电气原理图独立完成电路的连接并通电试运行成功。

2）在安装元器件及连接电路过程中应保证元器件完好无损。

3）能够按照电动机相关标准完成对热继电器的整定。

4）正确安装熔断器的熔体。

5）整个电路不能出现诸如连接点松动、线芯裸露过长、压绝缘层连接点反圈（或未半圈）等现象。

6）保证导线线芯的良好及保护导线的绝缘层。

7）保证完成施工后接地线的安装。

8）三条及多条导线的连接点、交叉处要处理完好。

9）保证工艺水平及布线合理性。主要是指横平、竖直，以及是否架空（主电路可以架空，控制电路不能架空），交叉尽量少，整齐美观等。

5. 安全要求

按电路图或接线图从电源端开始，逐段核对接线及接线端子处线号是否正确、有无漏接或错接之处。检查导线连接点是否符合要求，压接是否牢固。同时注意连接点接触应良好，以避免带负载运行时产生闪弧现象。

用万用表检查电路的通断情况。检查时，应选用倍率适当的电阻挡，并且进行校零，以防发生短路故障。

对控制电路的检查（断开主电路），可以将表笔分别搭在 V21、W21 线端上，读数应为"∞"。按下起动按钮时，读数应为接触器线圈的直流电阻值；然后，断开控制电路，再检查主电路有无开路或短路现象，此时，可用手动来代替接触器通电进行检查。

通电试运行工艺要求如下：

1）为保证人身安全，在通电校验时，要认真执行安全操作规程的有关规定，一人监护，一人操作。校验前，应检查与通电校验有关的电气设备是否有不安全的因素存在，一经查出应立即整改，然后方能试运行。

2）通电试运行前，必须征得老师的同意，并由指导老师接通三相电源 L1、L2、L3，同时在现场监护。

3）出现故障时，学生应该独立进行检修。若需带电检查时，老师必须在现场监护。检修完毕后，如需要再次试运行，老师也应该在现场监护，并做好记录。

4）通电校验完毕，切断电源。

6. 故障检修

利用电工工具和仪表对电路进行带电或断电测量，常用的方法有电压测量法和电阻测量法。具体操作过程可参见学习任务二"学习相关知识"中的相应内容。

分析故障原因可以从电源方面、元器件方面和电路方面进行查找。

教学提示：

1）在学生施工前，老师要做规范性示范操作。

2）在学生进行施工时，老师要进行巡回指导，发现问题后要及时解决。

3）查找到电气设备的故障点后，要着手进行修复、试运行和记录等，然后交付使用。在此过程中应注意以下几点：

① 在找出故障点和修复故障时，应注意不要把找出的故障点作为寻找故障的终点，还必须进一步分析查明产生故障的根本原因，避免类似故障再次发生。

② 在故障的修复过程中，一般情况下应尽量做到复原。

③ 每次修复故障后，应及时总结经验，并做好维修记录，作为档案以备日后维修时参考。

注意：电气故障检修的一般步骤和方法，详细内容见学习任务二和学习任务三电气故障检修部分。

学习活动三　制订工作计划

根据任务要求，结合现场勘查掌握的实际情况及任务实施的基本步骤，制订小组工作计划，并对小组成员进行分工。

（一）小组成员分工表

姓　名	分　工

（二）工具、材料清单

序　号	名　称	型号规格	单　位	数　量

（三）工序及工期安排

序　号	工作内容	完成时间	备　注

注：根据任务要求，此任务应先拆除旧电路，再安装新电路。

（四）安全防护措施

1）电源管理，如果维修时间较长，必须将设备与电源隔离，电源开关断开后，粘贴三角形红色提醒标志。

2）接地保护，将机床外壳与接地线连接或重复接地。

学习活动四　任务实施

施工步骤、板前明线布线工艺要求、自检提示、通电试运行提示，可参照学习任务一中的相关内容。

◆ 故障检查修复记录

检修步骤	过程记录
观察到的故障现象	
分析故障现象原因	
确定故障范围，找到故障点	
排除故障	

◆ 项目验收

1. 项目验收表

_____公司维修工作任务联系单

报修部门		报修时间	年　月　日　时
设备名称		设备型号/编号	/
报修人		联系电话	
维修部门负责人		联系电话	
质量评价			
验收意见			
验收人		日期	年　月　日
维修人		日期	年　月　日

2. 评分表

评价内容		分值	评分		
			自评	组评	师评
元器件定位安装	安装方法与步骤均正确，符合工艺要求				
	元器件安装美观、整洁				
布线	按电路图正确接线				
	布线方法与步骤均正确，符合工艺要求				
	布线横平、竖直、整洁有序，接线整洁美观				
	接点牢固、接头露铜长度适中，无反圈、压绝缘层、标记不清楚、标记号遗漏或误标等问题				
	施工中导线绝缘层或线芯无损伤				
通电试车	正常运行无故障				
	出现故障正常排除				
安全文明生产	遵守安全文明生产规程				
	施工完成后认真清理现场				
施工额定用时：　　　实际用时：　　　超时扣分：					
合计					

学习活动五 总结评价

◆ **综合评价表**

评价项目	评价内容	评价标准	评价主体		
			自我	同学	教师
职业素养	安全意识 责任意识	A. 作风严谨、自觉遵守纪律、出色完成工作任务 B. 能够遵守规章制度，较好完成工作任务 C. 遵守规章制度，没完成工作任务 D. 不遵守规章制度，没完成工作任务			
	学习态度	A. 积极参与学习活动，全勤 B. 缺勤达到任务总学时的10% C. 缺勤达到任务总学时的20% D. 缺勤达到任务总学时的30%			
	团队合作	A. 与同学协作融洽，团队合作意识强 B. 与同学能沟通，协同工作能力较强 C. 与同学能沟通，协同工作能力一般 D. 与同学沟通困难，协同工作能力较差			
专业能力	学习活动1 明确工作任务	A. 学习活动评价成绩为90~100分 B. 学习活动评价成绩为75~89分 C. 学习活动评价成绩为60~74分 D. 学习活动评价成绩为0~59分			
	学习活动2 相关知识学习	A. 学习活动评价成绩为90~100分 B. 学习活动评价成绩为75~89分 C. 学习活动评价成绩为60~74分 D. 学习活动评价成绩为0~59分			
	学习活动3 制订计划	A. 学习活动评价成绩为90~100分 B. 学习活动评价成绩为75~89分 C. 学习活动评价成绩为60~74分 D. 学习活动评价成绩为0~59分			
	学习活动4 任务实施	A. 学习活动评价成绩为90~100分 B. 学习活动评价成绩为75~89分 C. 学习活动评价成绩为60~74分 D. 学习活动评价成绩为0~59分			
创新能力		学习过程中提出具有创新性、可行性的建议	加分		
班级		姓名	综合评价等级		

课后思考

1. 什么是多地控制？举例说明其应用。
2. 多地控制电路的特点是什么？
3. 多地控制电路如何操作？
4. 画出两地控制电路，并说明工作原理。
5. 画出两地控制电路接线图。
6. 设计三地控制一台电动机正反转控制电路。其具体工作要求有短路、过载、失电压、欠电压保护功能。

学习任务九

水泵起动控制电路的安装与检修

学习目标：

1. 能通过阅读工作任务联系单和现场勘察，明确任务要求。
2. 能掌握电动机减压起动的类型、工作过程、工作原理和主要用途。
3. 能认识和选用元器件，按图样、工艺要求、安全规程等要求，安装元器件，连接电路。能正确检测、排除常见故障。
4. 能用仪表检测电路安装的正确性，按照安全操作规程正确通电试运行，然后按照要求清理施工现场，标注控制功能的铭牌标签。

工作情景描述：

某供水泵站的水泵电气控制电路出现绝缘老化现象，需要进行检测、重新安装，要求在规定期限完成安装、调试，并交付有关人员验收。

学习活动一　明确工作任务

_____公司维修工作任务联系单

报修部门		报修时间		年　月　日　时
设备名称		设备型号/编号		/
报修人		联系电话		
故障现象				
故障排除记录				
解决方法				
维修时间		计划工时		
维修人		日期		年　月　日　时

阅读工作任务联系单，查阅水泵相关资料，回答下列问题

1）水泵电动机在起动过程中有哪些要求？
2）水泵电动机的起动过程是怎样的？
3）为什么它的起动过程与前面学习的不一样？

学习活动二　学习相关知识

◆ 引导问题

1）日常生活中有哪些家用电器是计时工作的？
2）时间继电器的作用是什么？
3）常用的时间继电器有哪几种？
4）观察空气阻尼式时间继电器的外形，说明其结构组成是怎样的？

◆ 咨询资料

一、时间继电器概述

时间继电器是一种利用电磁原理或机械动作原理来实现触头延时闭合或分断的自动控制电器。因为它从得到动作信号起到触头动作有一定的延时时间，因此广泛用于需要按时间顺序进行自动控制的电气控制电路中。

时间继电器的种类很多，常用的主要有电磁式、电动式、空气阻尼式、晶体管式等类型，目前在电力拖动控制电路中，应用较多的是空气阻尼式和晶体管式时间继电器。图9-1所示为几款常用时间继电器的外形。

a) JS7-A 系列空气阻尼式

b) JS20 系列晶体管式

c) JS14S 系列数显式

图 9-1　几款常用时间继电器的外形

二、时间继电器的结构和原理

下面以 JS7—A 系列空气阻尼式和 JS20 系列晶体管式时间继电器为例加以介绍。

1. JS7—A 系列空气阻尼式时间继电器

（1）结构　空气阻尼式时间继电器又称为气囊式时间继电器，其外形和结构如图 9-2 所示，主要由电磁系统、延时机构和触头系统三部分组成，电磁系统为直动式双 E 形电磁铁，延时机构采用气囊式阻尼器，触头系统采用 LX5 型微动开关，包括两对瞬时触头（1 对常开1对常闭）和两对延时触头（1对常开1对常闭）。根据触头延时的特点，可以分为通电延时动作型和断电延时复位型两种。

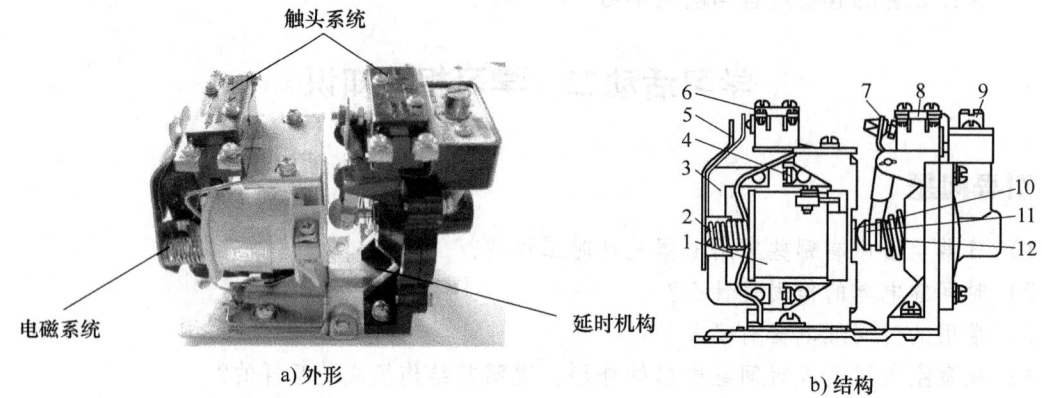

图9-2 空气阻尼式时间继电器的外形和结构

1—线圈 2—反力弹簧 3—衔铁 4—铁心 5—弹簧片 6—瞬时触头 7—杠杆
8—延时触头 9—调节螺钉 10—推杆 11—活塞杆 12—涡旋截锥弹簧

（2）符号 时间继电器在电路图中的符号如图9-3所示。

试分析图9-3和图9-4所示电路，并回答以下问题。

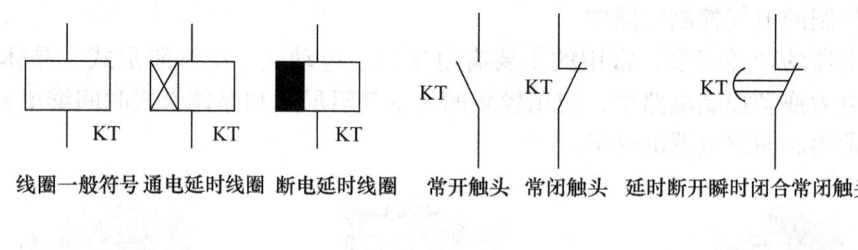

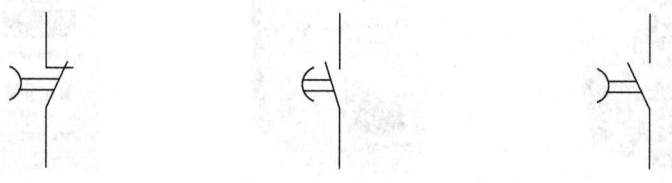

图9-3 时间继电器的符号

根据图9-4回答下面的问题：

1）QF表示什么？

2）⊟ 表示什么？

3）⊤ 表示什么？

4）⊥ 表示什么？

5）⌐ 表示什么？

6）SA 表示什么？

7）HL 表示什么？

8）按图 9-4 连接电路并通电试验，观察现象并加以描述。

9）说明空气阻尼式时间继电器的动作过程。

（3）型号 JS7-A 系列时间继电器的型号含义如下：

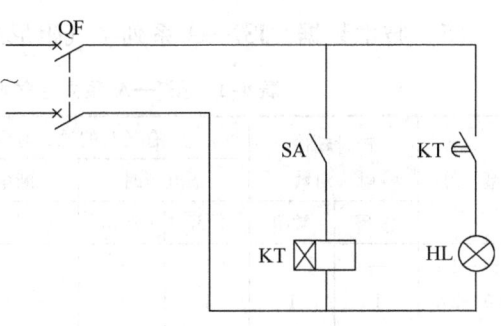

图 9-4 简单实验电路

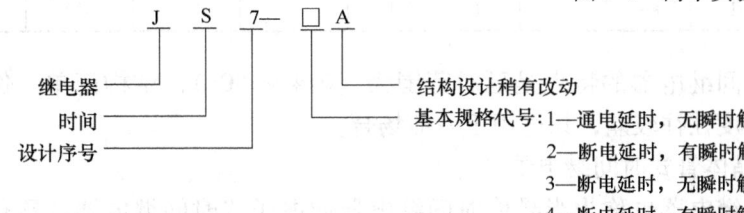

（4）工作原理　JS7—A 系列空气阻尼式时间继电器是利用气囊中的空气通过小孔节流的原理来获得延时动作的，其工作原理如图 9-5 所示。图 9-5a 是通电延时型时间继电器，当电磁系统的线圈通电时，微动开关 SQ2 的触头瞬时动作，而 SQ1 的触头由于气囊中空气的阻尼作用延时动作，其延时时间的长短取决于进气的快慢，可通过旋动螺钉 13 进行调节，延时范围有 0.4~60s 和 0.4~180s 两种。当线圈断电时，微动开关 SQ1 和 SQ2 的触头均瞬时复位。

JS7—A 系列断电延时型时间继电器和通电延时型时间继电器的组成元件是通用的。若将图 9-5a 中通电延时型时间继电器的电磁机构反转 180°安装，即得到图 9-5b 所示的断电延时型时间继电器。其工作原理读者可自行分析。

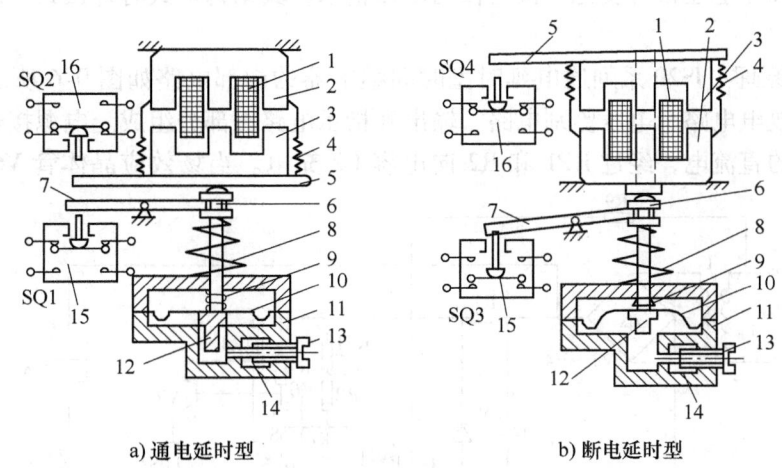

a) 通电延时型　　　b) 断电延时型

图 9-5　JS7—A 系列时间继电器的工作原理

1—线圈　2—铁心　3—衔铁　4—反作用弹簧　5—推板　6—活塞杆　7—杠杆　8—涡旋截锥弹簧
9—弱弹簧　10—橡胶膜　11—空气室　12—活塞　13—调节螺钉　14—进气孔　15、16—微动开关

（5）技术数据　JS7—A系列空气阻尼式时间继电器的主要技术数据见表9-1。

表9-1　JS7—A系列空气阻尼式时间继电器的主要技术数据

型号	瞬时动作触头对数		有延时的触头对数				触头额定电压/V	触头额定电流/A	线圈电压/V	延时范围/s	额定操作频率/（次/h）
			通电延时		断电延时						
	常开	常闭	常开	常闭	常开	常闭					
JS7—1A	—	—	1	1	—	—	380	5	24、36、110、127、220、380、420	0.4~60及0.4~180	600
JS7—2A	1	1	1	1	—	—					
JS7—3A	—	—	—	—	1	1					
JS7—4A	1	1	—	—	1	1					

空气阻尼式时间继电器的特点是延时范围大（0.4~180s），结构简单，价格低，使用寿命长，但整定精度往往较差，只适用于一般场合。

2. JS20系列晶体管式时间继电器

晶体管式时间继电器也称为半导体时间继电器或电子式时间继电器，具有机械结构简单、延时范围宽、整定精度高、体积小、耐冲击和耐振动、消耗功率小、调整方便及寿命长等优点，所以发展极为迅速，已成为时间继电器的主流产品，应用也越来越广泛。

晶体管式时间继电器按结构不同，可分为阻容式和数字式两类；按延时方式不同，可分为通电延时型、断电延时型及带瞬动触头的通电延时型。

JS20系列晶体管式时间继电器是全国推广的统一设计产品，适用于交流50Hz、电压380V及以下或直流电压220V及以下的控制电路中作延时元件，按预定的时间接通或分断电路。它具有体积小、重量轻、精度高、寿命长、通用性强等优点。

（1）结构　JS20系列晶体管式时间继电器的外形如图9-1b所示，它具有保护外壳，其内部结构采用印制电路组件。安装和接线时应采用专用插座，并配有带插脚标记的下标牌作接线指示，上标盘上还带有发光二极管作为动作指示。其结构形式有外接式、装置式和面板式三种。

（2）工作原理　JS20系列通电延时型时间继电器的内部电路如图9-6所示。它主要由电源、电容充放电电路、电压鉴别电路、输出和指示电路五部分组成。电源接通后，经整流滤波和稳压后的直流电，经过RP1和R2向电容C2充电。当场效应晶体管V6的栅源电压

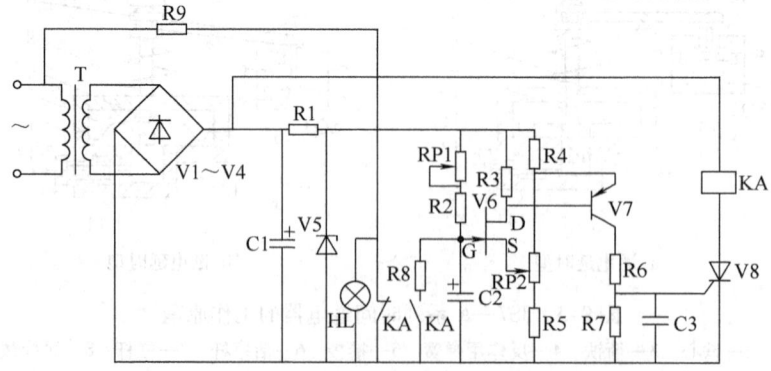

图9-6　JS20系列通电延时型时间继电器的内部电路

U_{GS} 低于夹断电压 U_p 时，V6 截止，V7、V8 也处于截止状态。随着充电的不断进行，电容 C2 的电位按指数规律上升，当满足 U_{GS} 高于 U_p 时，V6 导通，V7、V8 也导通，继电器 KA 吸合，输出延时信号。同时电容 C2 通过 R8 和 KA 的常开触头放电，为下次动作做好准备。当切断电源时，继电器 KA 释放，电路恢复原始状态，等待下次动作。调节 RP1 和 RP2 即可调整延时时间。

> 想一想：
> 1. 电动机起动时的电流是额定电流的几倍？起动电流过大时有哪些危害？
> 2. 仔细回顾一下，前面学习的各种控制电路在起动时，加在电动机定子绕组上的电压是否等于电动机的额定电压？
> 3. 如何判断一台电动机能否直接起动？如果电动机不能直接起动应采用何种方法起动？
> 4. 常见的减压起动方法有哪几种？

三、全压起动

【**定义**】：起动时加在电动机定子绕组上的电压为电动机的额定电压，也叫做直接起动。

【**特点**】：直接起动的优点是所用电气设备少，电路简单，维修量较小。但直接起动时的起动电流较大，一般为额定电流的 4～7 倍。在电源变压器容量不够大，而电动机功率较大的情况下，直接起动将导致电源变压器输出电压下降，不仅减小电动机本身的起动转矩，而且会影响同一供电线路中其他电气设备的正常工作。因此，较大功率的电动机起动时，需要采减压起动。

【**异步电动机起动电流过大对异步电动机和电路的影响**】：异步电动机直接起动时，其起动电流可达额定电流的 4～7 倍，这样大的起动电流对电动机是有很大影响的。首先，使供电线路产生线路压降，影响电源电压。特别是大功率电动机，电压下降更为明显。电动机的转矩与电压的二次方成正比，如果电压下降严重时，不仅该电动机起动困难，而且将使电路上所带的其他电动机因电压过低而转矩过小，影响电动机的出力，甚至使电动机自行停止运行。另外，过大起动电流，将使电动机以及线路产生能量损耗。当然，电动机一经起动后，电流也就随之减小。但在一些特殊情况下，如频繁起动的电动机，因起动电流而引起的发热就需要考虑。特别是在一些起动较慢和起动过程较长的情况下，能量损耗较大，发热更为严重。

从以上分析可以看出，起动电流过大对电动机及线路都是不利的。为了限制起动电流，提高起动转矩，应根据具体情况采取相应的起动方法。

【**通常规定**】电源容量在 180kV·A 以上，电动机功率在 7kW 以下的三相异步电动机可采用直接起动。

判断一台电动机能否直接起动，还可以用下面的经验公式来确定：

$$\frac{I_{st}}{I_N} \leqslant \frac{3}{4} + \frac{S_N}{4P_N}$$

式中　I_{st}——电动机全压起动电流（A）；

　　　I_N——电动机额定电流（A）；

　　　S_N——电源变压器容量（kV·A）；

　　　P_N——电动机功率（kW）。

凡不满足直接起动条件的，均须采用减压起动。

四、减压起动

【定义】是指利用起动设备将电压适当降低后,加到电动机的定子绕组上进行起动,待电动机起动运行后,再使其电压恢复到额定电压正常运行。

【特点】由于电流随电压的降低而减小,所以减压起动达到了减小起动电流之目的。但是,由于电动机转矩与电压的二次方成正比,因此减压起动也将导致电动机的起动转矩大为降低。因此,减压起动需要在空载或轻载下起动。

【分类】定子绕组串联电阻减压起动、自耦变压器减压起动、丫-△减压起动、延边三角形减压起动等。

想一想:
1. 尝试在图9-7中绘制出三相异步电动机丫、△联结两种接线方式。
2. 结合图9-8绘制丫-△减压起动主电路。

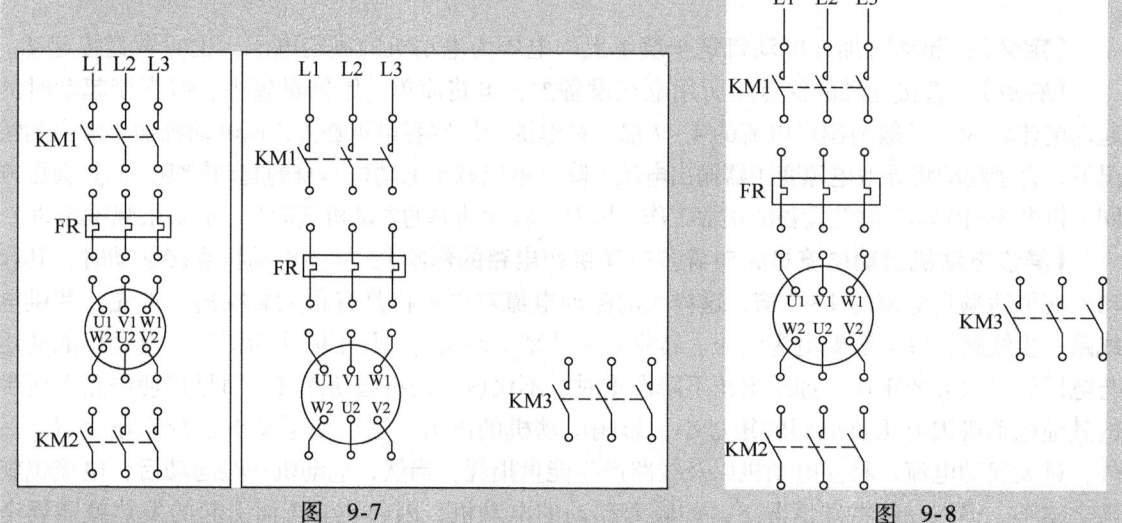

图 9-7　　　　　　　　　　　　　　图 9-8

3. 图9-8中KM2和KM3两个接触器能同时得电工作吗?
4. 根据以上提示设计手动丫-△减压起动控制电路。(控制方式为按下起动按钮电动机丫联结减压起动,按下运行按钮电动机△联结全压运行,按下停止按钮时电动机停止运行。)

五、丫-△减压起动控制电路

1. 手动控制丫-△减压起动器

图9-9所示为双投开起式负荷开关手动控制丫-△减压起动电路。该电路的工作原理如下:起动时,先合上电源开关QS1,然后把开启式负荷开关QS2扳到"起动"位置,电动机定子绕组接成丫联结减压起动;当电动机转速上升并接近额定值时,再将QS2扳到"运行"位置,电动机定子绕组接成△联结全压正常运行。

电动机起动时接成丫联结,加在每相定子绕组上的起动电压只有△联结的 $1/\sqrt{3}$,起动电流为△联结的 $1/3$,起动转矩也只有△联结的 $1/3$。所以这种减压起动方法,只适用于轻载或空载下起动。凡是在正常运行时定子绕组作△联结的异步电动机，均可采用这种减压起动方法。

手动Y-△起动器专门作为手动Y-△减压起动用，有QX1和QX2系列，按控制电动机的功率分为13kW和30kW两种，起动器的正常操作频率为30次/h。

QX1系列手动Y-△起动器的外形、结构、接线和触头分合情况如图9-10所示。起动器有起动（Y）、停止（0）和运行（△）三个位置，当手柄扳到"0"位置时，八对触头都分断，电动机脱离电源停转；当

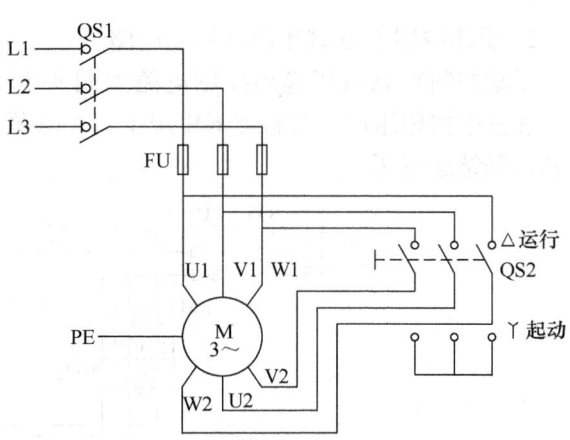

图9-9 手动控制Y-△减压起动电路

手柄扳到"Y"位置时，1、2、5、6、8触头闭合接通，3、4、7触头分断，定子绕组的末端W2、U2、V2通过触头5和6接成Y联结，始端U1、V1、W1则分别通过触头1、8、2接入三相电源L1、L2、L3，电动机进行Y联结减压起动；当电动机转速上升并接近额定转速时，将手柄扳到"△"位置，这时1、2、3、4、7、8触头闭合，5、6触头分断，定子绕组按U1→触头1→触头3→W2、V1→触头8→触头7→U2、W1→触头2→触头4→V2接成△联结全压正常运行。

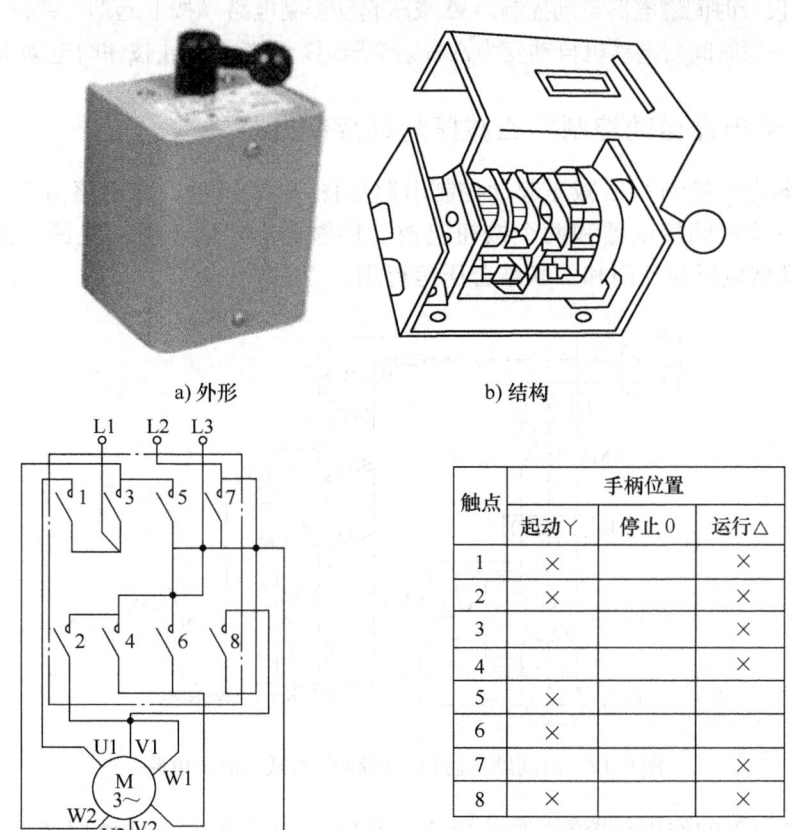

a) 外形　　　　　　　　　b) 结构

c) 接线　　　　　　　　　d) 触头分合情况

触点	手柄位置		
	起动Y	停止0	运行△
1	×		×
2	×		×
3			×
4			×
5	×		
6	×		
7			×
8	×		×

图9-10 QX1系列手动Y-△起动器的外形、结构、接线和触头分合情况

2. 手动控制Y-△减压起动控制电路

手动控制Y-△减压起动控制电路如图9-11所示。该电路由三个接触器、一个热继电器、和三个按钮组成。接触器KM用于引入电源，接触器KM_Y和KM_△分别作Y联结减压起动用和△联结运行用。

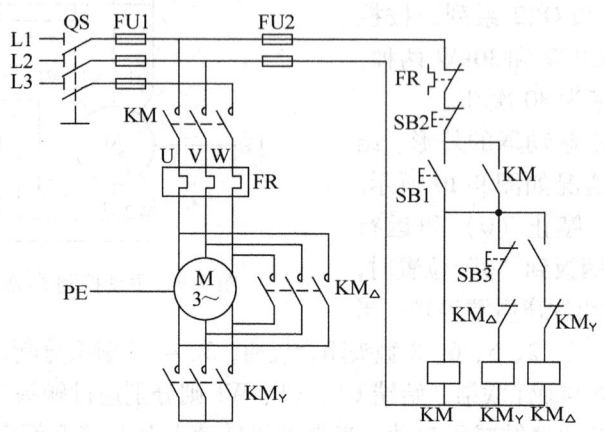

图9-11 手动控制Y-△减压起动控制电路

> 想一想：设计时间继电器自动控制Y-△减压起动控制电路（按下起动按钮，电动机Y联结减压起动，过一段时间后电动机自动变为△联结全压运行，按下停止按钮时电动机停止运行）。

六、时间继电器自动控制Y-△减压起动控制电路

时间继电器自动控制Y-△减压起动控制电路如图9-12所示。该电路由三个接触器、一个热继电器、一个时间继电器和两个按钮组成。接触器KM用于引入电源，接触器KM_Y和KM_△分别作Y联结减压起动用和△联结合压运行用。

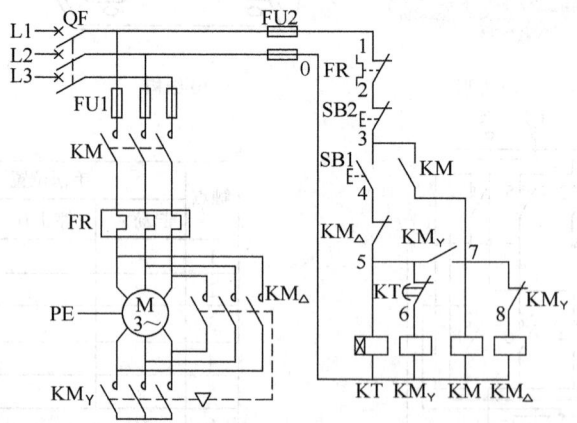

图9-12 时间继电器自动控制Y-△减压起动电路

时间继电器KT的作用是控制Y联结减压起动时间和完成Y-△自动切换，SB1是起动按钮，SB2是停止按钮，FU1作为主电路的短路保护，FU2作控制电路的短路保护，FR作过载保护。

接触器 KM 和接触器 KM_Y 同时得电工作时电动机定子绕组接成星形，电动机工作状态为减压起动。接触器 KM 和接触器 $KM_\triangle$ 同时得电工作时电动机定子绕组接成三角形，电动机工作状态为全压运行。

注意：接触器 KM_Y 和接触器 $KM_\triangle$ 不能同时得电工作，否则将会造成严重的相间短路事故。

该电路的工作原理如下：

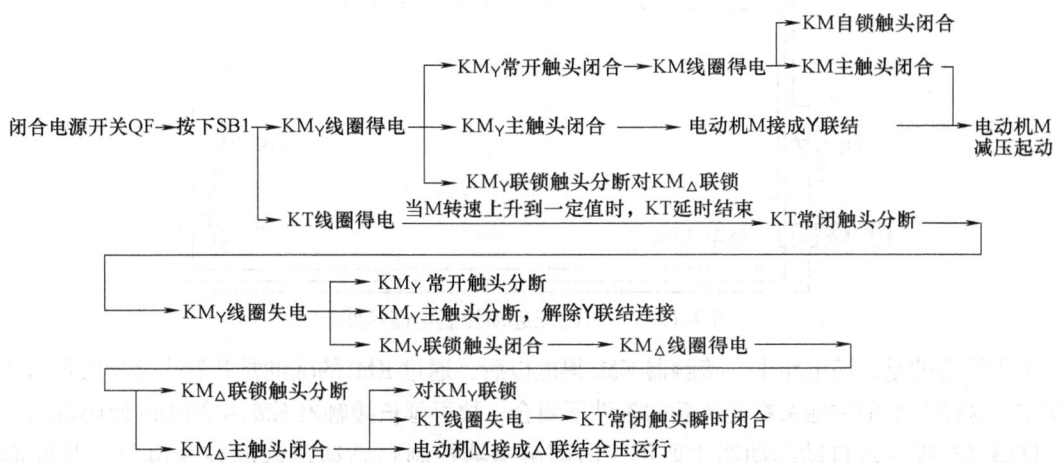

若需要电动机 M 停止转动时，按下 SB2 即可。

三相异步电动机 Y-△ 接线方法及主电路、控制电路接线如图9-13～图9-15 所示。

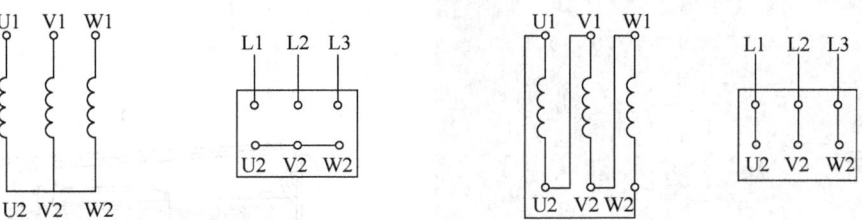

图 9-13　三相异步电动机 Y-△ 接线方法

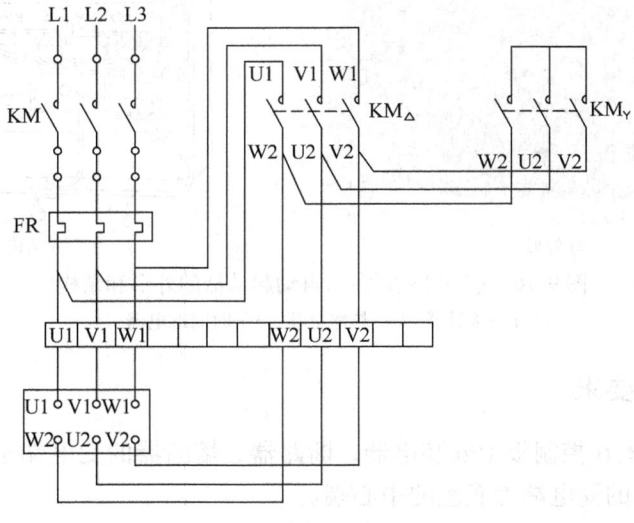

图 9-14　Y-△ 减压起动主电路接线

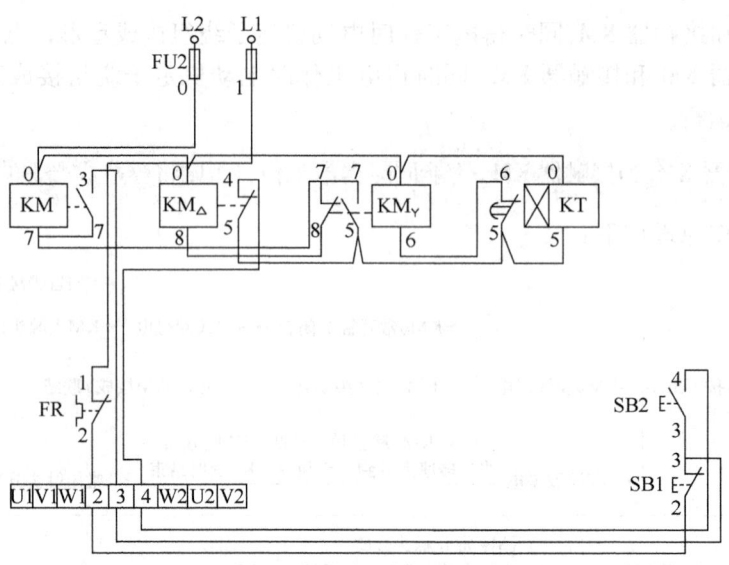

图 9-15　Y-△减压起动控制电路接线

值得注意的是，该电路中，接触器 KM_Y 得电以后，通过 KM_Y 的辅助常开触头使接触器 KM 得电动作，这样 KM_Y 的主触头在无负载的条件下闭合，故可延长接触器 KM_Y 主触头的使用寿命。

QX3-13 型Y-△自动起动器主要用于时间继电器控制Y-△减压起动控制电路，其外形和结构如图 9-16 所示。

a) 外形

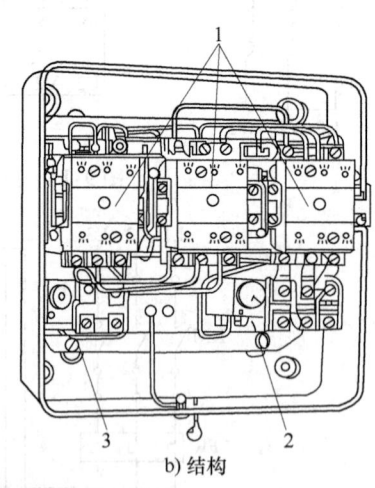

b) 结构

图 9-16　QX3-13 型Y-△自动起动器的外形和结构
1—接触器　2—热继电器　3—时间继电器

七、安装工艺要求

1) 按电器布置图在控制板上安装电器，断路器、熔断器的受电端子应安装在控制板的外侧，并确保熔断器的受电端为底座的中心端。

2）各元器件的安装位置应整齐、匀称、间距合理，便于元器件的更换。

3）紧固各元器件时，用力要均匀，紧固程度要适当。在紧固熔断器、接触器等易碎元器件时，应该用手按住元器件一边轻轻摇动，一边用螺钉旋具轮换旋紧对角线上的螺钉，直到手摇不动时，再适当旋紧一些。

4）板前明线布线工艺要求：

① 布线通道要尽可能少，同路并行导线按主电路、控制电路分类集中，单层密排，紧贴安装板布线。

② 同一平面的导线应高低一致或前后一致，不能交叉。非交叉不可时，该导线应在接线端子引出时水平架空跨越，并且必须布线合理。

③ 布线应横平竖直、分布均匀。变换走向时应垂直转向。

④ 布线时严禁损伤线芯和导线绝缘层。

⑤ 布线顺序一般以接触器为中心，按照由里向外、由低至高、先控制电路、后主电路的顺序进行，以不妨碍后续布线为原则。

⑥ 在每根剥去绝缘层导线的两端套上编码套管。所有从一个接线端子（或接线桩）到另一个接线端子（或接线桩）的导线必须连续，中间无接头。

⑦ 导线与接线端子或接线桩连接时，不得压绝缘层、不反圈及不露铜过长。同一元器件、同一回路的不同连接点的导线间距离应保持一致。

⑧ 一个元器件接线端子上的连接导线不得多于两根，每节接线端子板上的连接导线一般只允许连接一根。

八、技术规范

1）能够按照电气原理图独立完成电路的连接并通电试运行成功。

2）在安装元器件及连接电路过程中保证元器件完好无损。

3）能够按照电动机相关标准完成对热继电器的整定。

4）正确安装熔断器的熔体。

5）整个电路不能出现诸如连接点松动、线芯裸露过长、压绝缘层、连接点反圈（或未半圈）等现象。

6）保证导线线芯的良好及保护导线的绝缘层。

7）保证完成施工后接地线的安装。

8）三条及多条导线的连接点、交叉处要处理完好。

9）保证工艺水平及布线合理性。主要是指横平、竖直，以及是否架空（主电路可以架空，控制电路不能架空），交叉尽量少，整齐美观等。

九、安全要求

按电路图或接线图从电源端开始，逐段核对接线及接线端子处线号是否正确、有无漏接或错接之处。检查导线连接点是否符合要求、压接是否牢固。同时注意连接点接触应良好，以避免带负载运行时产生闪弧现象。

用万用表检查电路的通断情况。检查时，应选择倍率适当的电阻挡，并进行校零，以防发生短路故障。

对控制电路的检查（断开主电路），可将表笔分别搭在 V21、W21 线端上，读数应为"∞"。按下起动按钮时，读数应为接触器线圈的直流电阻值；然后断开控制电路，再检查主电路有无开路或短路现象，此时，可用手动来代替接触器通电进行检查。

通电试运行工艺要求如下：

1）为保证人身安全，在通电校验时，要认真执行安全操作规程的有关规定，一人监护，一人操作。校验前，应检查与通电校验有关的电气设备是否有不安全的因素存在，一经查出应立即整改，然后方能试运行。

2）通电试运行前，必须征得老师的同意，并由指导老师接通三相电源 L1、L2、L3，同时在现场监护。

3）如果出现故障，学生应独立进行检修。若需带电检查时，老师必须在现场监护。检修完毕后，如果需要再次试运行，老师也应该在现场监护，并做好记录。

4）通电校验完毕，应切断电源。

十、故障检修

利用电工工具和仪表对电路进行带电或断电测量，常用的方法有电压测量法和电阻测量法。具体操作过程可参见学习任务二"学习相关知识"中的相应内容。

分析故障原因可从电源方面、器件方面和电路方面进行查找。

教学提示：

1）在学生施工前，老师要做规范性示范操作。

2）在学生进行施工时，老师要进行巡回指导，发现问题及时解决。

3）查找到电气设备的故障点后，要着手进行修复、试运行和记录等，然后交付使用。在此过程中应注意以下几点：

① 在找出故障点和修复故障时，应注意不要把找出的故障点作为寻找故障的终点，还必须进一步分析查明产生故障的根本原因，避免类似故障再次发生。

② 在故障的修复过程中，一般情况下应尽量做到复原。

③ 每次修复故障后，应及时总结经验，并做好维修记录，作为档案以备日后维修时参考。

> 注意：电气故障检修的一般步骤和方法，详细内容见学习任务二和学习任务三电气故障检修部分。

◆ 知识拓展

1. 定子绕组串联电阻减压起动控制电路

（1）手动控制电路 如图 9-17 所示电路的减压起动过程如下：

先合上电源开关 QS1→电动机 M 串联电阻 R 进行减压起动 $\xrightarrow{\text{至电动机的转速升高到一定值时}}$ 再合上 QS2→电阻 R 被开关 QS2 的触头短接→电动机全压正常运行

由此可见，定子绕组串联电阻减压起动是在电动机起动时，把电阻串联在电动机定子绕组与电源之间，通过电阻的

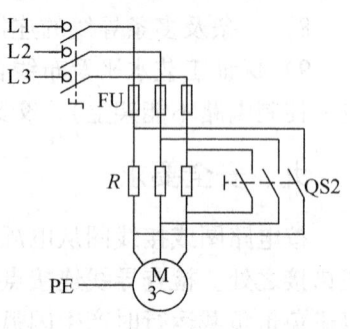

图 9-17 手动控制定子绕组
串联电阻减压起动电路

分压作用来降低定子绕组上的起动电压。待电动机起动后，再将电阻短接，使电动机在额定电压下正常运行。

（2）时间继电器自动控制电路　图 9-17 所示为手动控制电路，电动机从减压起动到全压运行是通过操作开关 QS2 来实现的，这样工作既不方便也不可靠。因此，实际应用中常采用时间继电器来自动完成短接电阻的要求，实现自动控制。

图 9-18 所示为时间继电器自动控制定子绕组串联电阻减压起动的电路，这个电路中用接触器 KM2 的主触头代替图 9-17 中的开关 QS2 来短接电阻 R，用时间继电器 KT 来控制电动机从减压起动到全压运行的时间，从而实现了自动控制。

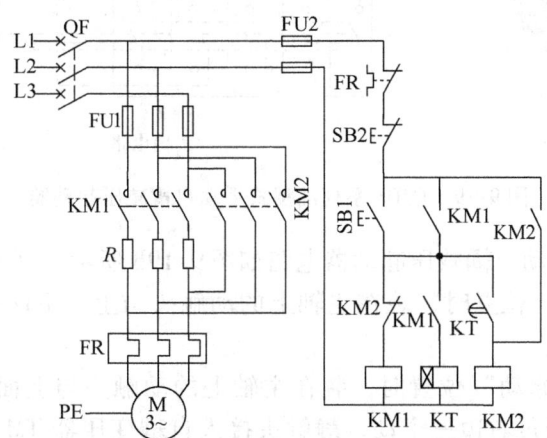

图 9-18　时间继电器自动控制定子绕组串联电阻减压起动电路图

该电路的工作原理是：

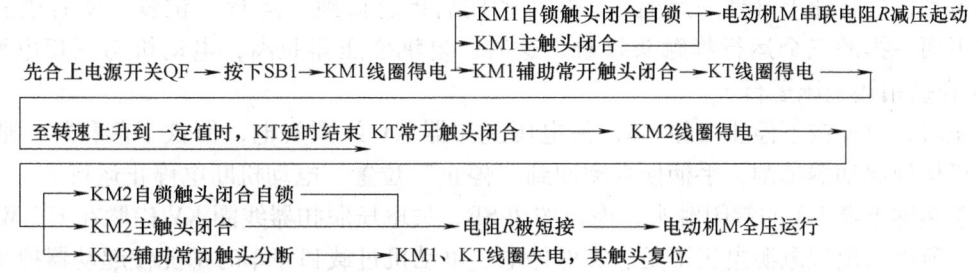

若需要电动机停止转动时，按下 SB2 即可。

由以上分析可知，只要调整好时间继电器 KT 触头的动作时间，电动机由起动过程切换到运行过程就能准确可靠地自动完成。

串联电阻减压起动的缺点是减小了电动机的起动转矩，同时起动时在电阻上功率消耗也较大。如果起动频繁，则电阻的温度很高，对于精密的机床会产生一定的影响，故目前这种减压起动的方法，在生产实际中的应用正在逐步减少。

2. 手动自耦减压起动器

常用的手动自耦减压起动器有 QJD3 系列油浸式和 QJ10 系列空气式两种。

（1）QJD3 系列油浸式手动自耦减压起动器　其外形如图 9-19a 所示，主要由薄钢板制成的防护式外壳、自耦变压器、触头系统（触头浸在油中）操作机构及保护系统等五个部分组成，具有过载和失电压保护功能。它适用于一般工业用交流 50Hz 或 60Hz、电压 380V、功率为 10~75kW 三相笼型异步电动机作不频繁减压起动和停止的场合。

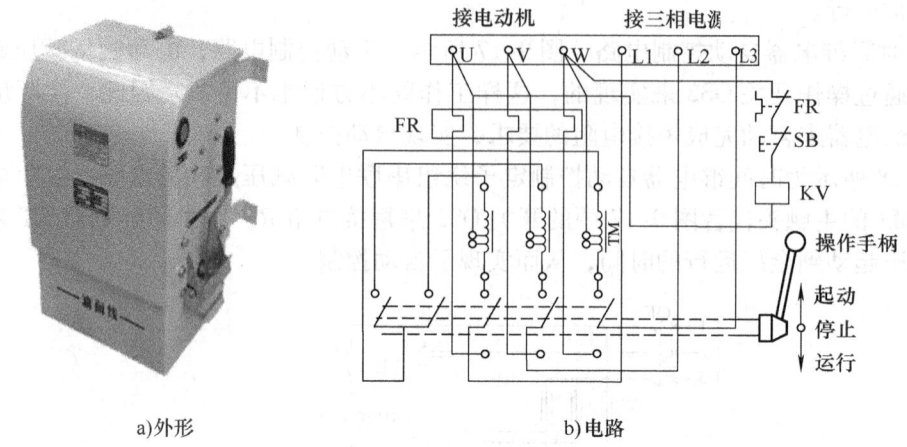

a)外形　　　　　　　　　　　b)电路

图 9-19　QJD3 系列油浸式手动自耦减压起动器

QJD3 系列油浸式手动自耦减压起动器电路如图 9-19b 所示。其工作原理如下：

当手柄扳到"停止"位置时，装在主轴上的动触头与上、下两排静触头都不接触，电动机处于断电停止状态。

当手柄向前推到"起动"位置时，装在主轴上的动触头与上面一排起动静触头接触，三相电源 L1、L2、L3 通过右边三个动、静触头接入自耦变压器 TM，又经自耦变压器的三个 65%（或 80%）抽头接入电动机进行减压起动；左边两个动、静触头接触则把自耦变压器接成了丫联结。

当电动机的转速上升到一定值时，将手柄向后迅速扳到"运行"位置，使右边三个动触头与下面一排的三个运行静触头接触，这时，自耦变压器脱离，电动机与三相电源 L1、L2、L3 直接相接全压运行。

停止时，只要按下停止按钮 SB，失电压脱扣器 KV 线圈失电，衔铁下落释放，通过机械操作机构使起动器掉闸，手柄便自动回到"停止"位置，电动机断电停止运行。

由于热继电器 FR 的常闭触头、停止按钮 SB、失电压脱扣器线圈 KV 串联在 U、W 两相电源上，所以当出现电源电压不足、突然停电、电动机过载和停车时都能使起动器掉闸，电动机断电停止运行。

起动器根据额定电压和额定功率，来选择其触头的额定电流及起动用自耦变压器等结合而分类，其数据见表 9-2（对表中额定工作电流和热保护整定电流另有要求者除外）。

表 9-2　QJD3 系列手动自耦减压起动器数据

型　号	额定工作电压/V	控制的电动机功率/kW	额定工作电流/A	热保护额定电流/A	最大起动时间/s
QJD3—10	380	10	19	22	30
QJD3—14		14	26	32	
QJD3—17		17	33	45	40
QJD3—20		20	37	45	

（续）

型　　号	额定工作电压/V	控制的电动机功率/kW	额定工作电流/A	热保护额定电流/A	最大起动时间/s
QJD3—22	380	22	42	45	40
QJD3—28		28	51	63	
QJD3—30		30	56	63	
QJD3—40		40	74	85	60
QJD3—45		45	86	120	
QJD3—55		55	104	160	
QJD3—75		75	125	160	

（2）QJ10系列空气式手动自耦减压起动器　该系列起动器适用于交流50Hz、电压380V及以下、功率75kW及以下的三相笼型异步电动机，做不频繁减压起动和停止的场合。

在结构上，QJ10系列空气式手动自耦减压起动器也是由箱体、自耦变压器、保护装置、触头系统和手柄操作机构五部分组成。它的触头系统有一组起动触头、一组中性触头和一组运行触头，其电路如图9-20所示。它的工作原理如下：

当手柄扳到"停止"位置时，所有的动、静触头均断开，电动机处于断电停止状态；当手柄向前推到"起动"位置时，起动触头和中性触头同时闭合，三相电源经起动触头接入自耦变压器TM，又经自耦变压器的三个抽头接入电动机进行减压起动，中性触头则把自耦变压器接成了丫联结；当电动机的转速上升到一定值后，将手柄迅速扳到"运行"位置，起动触头和中性触头同时断开，运行触头随后闭合，这时自耦变压器脱离，电动机与三相电源L1、L2、L3直接相接全压运行。停止时，按下SB即可。

（3）XJ01系列自耦减压起动箱　XJ01系列自耦减压起动箱是我国生产的自耦变压器减压起动自动控制设备，广泛用于交流为50Hz、电压为380V、功率为14～300kW的三相笼型异步电动机的减压起动。XJ01系列自耦减压起动箱的外形及内部结构如图9-21所示。

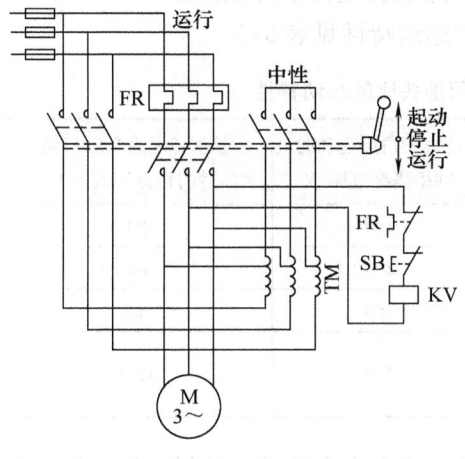

图9-20　QJ10系列空气式手动自耦减压起动器电路

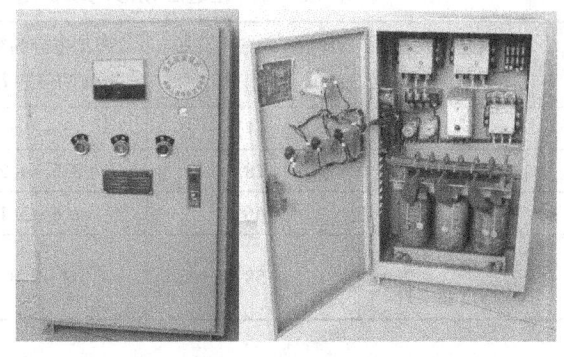

图9-21　XJ01系列自耦减压起动箱的外形及内部结构

XJ01 系列自耦减压起动箱是由自耦变压器、交流接触器、中间继电器、热继电器、时间继电器和按钮等组成的。对于 14～75kW 的产品，采用自动控制方式；对于 100～300kW 的产品，具有手动和自动两种控制方式，用转换开关进行切换。时间继电器为可调式，在 5～120s 内可以自由调节起动时间。自耦变压器备有额定电压 60% 和 80% 两挡抽头。补偿器具有过载和失电压保护，最大起动时间为 2min（包括一次或连续数次起动时间的总和），若起动时间超过 2min，则起动后的冷却时间应该不少于 4h 才能再次起动。

3. 延边三角形减压起动

延边三角形减压起动是指电动机起动时，把定子绕组的一部分接成三角形，另一部分接成星形，使整个绕组接成延边三角形，如图 9-22a 所示。待电动机起动后，再把定子绕组改接成三角形全压运行，如图 9-22b 所示。

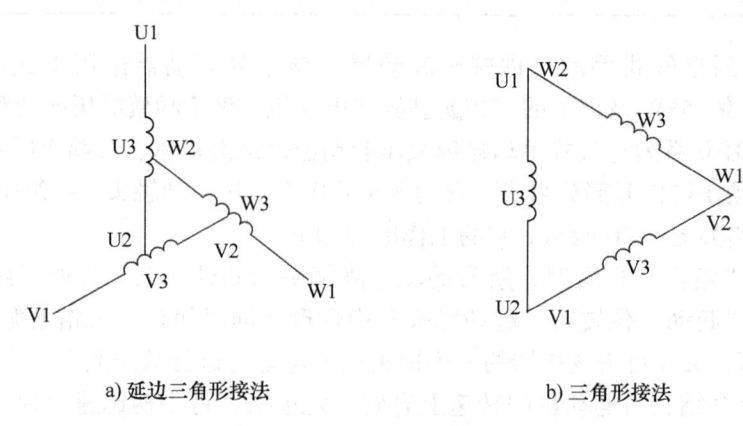

a) 延边三角形接法　　　　　　b) 三角形接法

图 9-22　延边三角形减压起动电动机定子绕组的连接方式

延边三角形减压起动是在 Y-△ 减压起动的基础上改进的一种起动方式，它把 Y 联结和 △ 联结两种接法结合起来，使电动机每相定子绕组承受的电压小于 △ 联结时的相电压，大于 Y 联结时的相电压，并且每相绕组电压的大小可随电动机绕组抽头（U3、V3、W3）位置的改变而调节，从而克服了 Y-△ 减压起动时起动电压偏低、起动转矩偏小的缺点。

电动机接成延边三角形时，每相绕组各种抽头比的起动特性见表 9-3。

表 9-3　延边三角形电动机定子绕组不同抽头比的起动特性

定子绕组抽头比 $K=Z_1:Z_2$	相似于自耦变压器的抽头百分比（%）	起动电流为额定电流的倍数 I_{st}/I_N	延边三角形起动时每相绕组电压/V	起动转矩为全压起动时的百分比（%）
1:1	71	3～3.5	270	50
1:2	78	3.6～4.2	296	60
2:1	66	2.6～3.1	250	42
当 Z_2 绕组为 0 时即为 Y 联结时	58	2～2.3	220	33.3

由表 9-3 可以看出，采用延边三角形起动的电动机需要 9 个出线端，这样不用自耦变压器，通过调节定子绕组的抽头比 K，就可以得到不同数值的起动电流和起动转矩，从而满足了不同的使用要求。

学习活动三　制订工作计划

根据任务要求，结合现场勘查掌握的实际情况及任务实施的基本步骤，制订小组工作计划，并对小组成员进行分工。

（一）小组成员分工表

姓　名	分　工

（二）工具、材料清单

序　号	名　称	型号规格	单　位	数　量

（三）工序及工期安排

序　号	工作内容	完成时间	备　注

注：根据任务要求，此任务应先拆除旧电路，再安装新电路。

（四）安全防护措施

1）电源管理，如果维修时间较长，必须将设备与电源隔离，电源开关断开后，粘贴三角形红色提醒标志。

2）接地保护，将机床外壳与接地线连接或重复接地。

学习活动四 任务实施

施工步骤、板前明线布线工艺要求、自检提示、通电试运行提示，可参照学习任务一中的相关内容。

◆ **故障检查修复记录**

检修步骤	过程记录
观察到的故障现象	
分析故障现象及原因	
确定故障范围，找到故障点	
排除故障	

◆ **项目验收**

1. 项目验收表

_____公司维修工作任务联系单

报修部门		报修时间		年 月 日 时
设备名称		设备型号/编号		/
报修人		联系电话		
维修部门负责人		联系电话		
质量评价				
验收意见				
验收人		日期		年 月 日
维修人		日期		年 月 日

2. 评分表

	评价内容	分值	评分		
			自评	组评	师评
元器件定位安装	安装方法与步骤均正确，符合工艺要求				
	元器件安装美观、整洁				
布线	按电路图正确接线				
	布线方法与步骤均正确，符合工艺要求				
	布线横平、竖直、整洁有序，接线整洁美观				
	接点牢固、接头露铜长度适中，无反圈、压绝缘层、标记不清楚、标记号遗漏或误标等问题				
	施工中导线绝缘层或线芯无损伤				

(续)

评价内容		分值	评分		
			自评	组评	师评
通电试运行	正常运行无故障				
	出现故障正常排除				
安全文明生产	遵守安全文明生产规程				
	施工完成后认真清理现场				
施工额定用时： 实际用时： 超时扣分：					
合计					

学习活动五 总结评价

◆ 综合评价表

评价项目	评价内容	评价标准	评价主体		
			自我	同学	教师
职业素养	安全意识 责任意识	A. 作风严谨、自觉遵守纪律、出色完成工作任务 B. 能够遵守规章制度，较好完成工作任务 C. 遵守规章制度，没完成工作任务 D. 不遵守规章制度，没完成工作任务			
	学习态度	A. 积极参与学习活动，全勤 B. 缺勤达到任务总学时的10% C. 缺勤达到任务总学时的20% D. 缺勤达到任务总学时的30%			
	团队合作	A. 与同学协作融洽，团队合作意识强 B. 与同学能沟通，协同工作能力较强 C. 与同学能沟通，协同工作能力一般 D. 与同学沟通困难，协同工作能力较差			
专业能力	学习活动1 明确工作任务	A. 学习活动评价成绩为 90~100 分 B. 学习活动评价成绩为 75~89 分 C. 学习活动评价成绩为 60~74 分 D. 学习活动评价成绩为 0~59 分			
	学习活动2 相关知识学习	A. 学习活动评价成绩为 90~100 分 B. 学习活动评价成绩为 75~89 分 C. 学习活动评价成绩为 60~74 分 D. 学习活动评价成绩为 0~59 分			

(续)

评价项目	评价内容	评 价 标 准	评价主体		
			自我	同学	教师
专业能力	学习活动3 制订计划	A. 学习活动评价成绩为 90～100 分 B. 学习活动评价成绩为 75～89 分 C. 学习活动评价成绩为 60～74 分 D. 学习活动评价成绩为 0～59 分			
	学习活动4 任务实施	A. 学习活动评价成绩为 90～100 分 B. 学习活动评价成绩为 75～89 分 C. 学习活动评价成绩为 60～74 分 D. 学习活动评价成绩为 0～59 分			
创新能力		学习过程中提出具有创新性、可行性的建议	加分		
班级		姓名	综合评价等级		

课后思考

1. 什么是时间继电器？它的分类有哪些？
2. 写出时间继电器的文字符号。
3. 说明空气阻尼式时间继电器的工作原理。
4. 简要说明许多电动机需要减压起动的原因。
5. 常用的减压起动方式有哪几种？
6. 画出丫-△减压起动控制电路，并说明工作原理。
7. 画出丫-△减压起动控制电路接线图。

学习任务十

起重机断电电磁制动控制电路的安装与检修

 学习目标：

1. 能通过阅读工作任务联系单和现场勘察，明确任务要求。
2. 能掌握电动机制动控制的工作过程、控制原理和主要用途。
3. 能识别和选择元器件，按图样、工艺要求、安全规程等要求，安装元器件，连接电路。
4. 能用仪表检测电路安装的正确性，按照安全操作规程正确通电试运行，然后按照要求清理施工现场，标注控制功能的铭牌标签。

 工作情景描述：

某加工车间的起重机断电电磁制动控制电路出现绝缘层老化现象，需要进行检测、重新安装，要求在规定期限完成安装、调试，并交付有关人员验收。

学习活动一 明确工作任务

_____公司维修工作任务联系单

报修部门		报修时间	年 月 日 时
设备名称		设备型号/编号	/
报修人		联系电话	
故障现象			
故障排除记录			
解决方法			
维修时间		计划工时	
维修人		日期	年 月 日 时

阅读工作任务联系单，查阅起重机电磁制动的相关资料，回答下列问题：
1）起重机断电过程为什么需要制动控制？
2）起重机的断电制动控制主要有哪几种？
3）起重机制动控制电路施工过程中需要注意哪些问题？

学习活动二　学习相关知识

◆ 引导问题

1）什么是制动？
2）制动方法有哪两类？
3）在接触器自锁正转控制电路的基础上利用电磁抱闸制动器设计起重机断电电磁制动控制电路。

◆ 咨询资料

所谓制动，就是给电动机施加一个与转动方向相反的转矩使它迅速停转（或限制其转速）。制动的方法一般有两类：机械制动和电力制动。

利用机械装置使电动机断开电源后迅速停转的方法叫做机械制动。机械制动常用的方法有电磁制动器制动和电磁离合器制动。

使电动机在切断电源停转的过程中，产生一个和电动机实际旋转方向相反的电磁力矩（制动力矩），迫使电动机迅速制动停转的方法叫做电力制动。电力制动常用的方法有：反接制动、能耗制动、电容制动和再生发电制动等。

一、机械制动

1. 电磁制动器

图 10-1 所示为常用的 MZD1 系列交流单相制动电磁铁与 TJ2 系列闸瓦制动器的外形，它们配合使用共同组成电磁制动器。电磁制动器的结构和符号如图 10-2 所示。

a) MZD1系列交流单相制动电磁铁　　b) TJ2 系列闸瓦制动器

图 10-1　制动电磁铁与闸瓦制动器

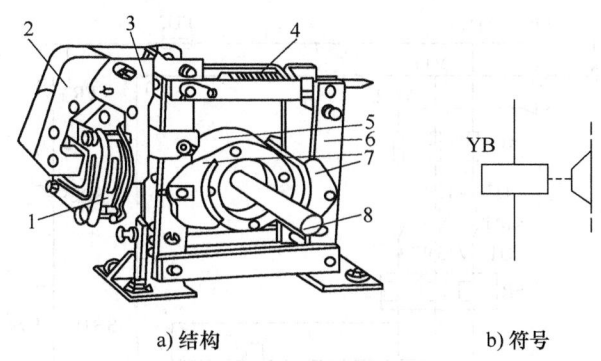

a) 结构　　　　　　b) 符号

图 10-2　电磁制动器的结构和符号

1—线圈　2—衔铁　3—铁心　4—弹簧　5—闸轮　6—杠杆　7—闸瓦　8—轴

电磁铁和制动器的型号及其含义如下：

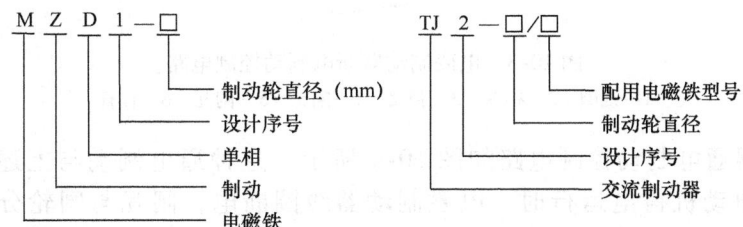

制动电磁铁由铁心、衔铁和线圈三部分组成。闸瓦制动器包括闸轮、闸瓦、杠杆和弹簧等部分。电磁制动器分为断电制动型和通电制动型两种。断电制动型的工作原理如下：当制动电磁铁的线圈得电时，制动器的闸瓦与闸轮分开，无制动作用；当线圈失电时，制动器的闸瓦紧紧抱住闸轮制动。

通电制动型的工作原理如下：当制动电磁铁的线圈得电时，闸瓦紧紧抱住闸轮制动；当线圈失电时，制动器的闸瓦与闸轮分开，无制动作用。

2. 电磁制动器断电制动控制电路

电磁制动器断电制动控制电路如图 10-3 所示。电路工作原理如下：

（1）起动运行　先合上电源开关 QF，按下起动按钮 SB1，接触器 KM 线圈得电，自锁触头和主触头闭合，电动机 M 接通电源，同时电磁制动器 YB 线圈得电，衔铁与铁心吸合，衔铁克服弹簧拉力，迫使制动杠杆向上移动，从而使制动器的闸瓦与闸轮分开，电动机正常运行。

（2）制动停转　按下停止按钮 SB2，接触器 KM 线圈失电，自锁触头和主触头分断，电动机 M 失电，同时电磁制动器 YB 线圈也失电，衔铁与铁心分开，在弹簧拉力的作用下，制动器的闸瓦紧紧抱住闸轮，使电动机被迅速制动而停转。

电磁制动器断电制动在起重机械上被广泛应用。其优点是能够准确定位，同时可防止电动机突然断电时，重物自行坠落；缺点是不经济。因为电磁制动器线圈耗电时间与电动机一样长。另外，由于电磁制动器在切断电源后的制动作用，使手动调整工件很困难。因此，对要求电动机制动后能调整工件位置的机床设备，可采用通电制动控制电路。

3. 电磁制动器通电制动控制电路

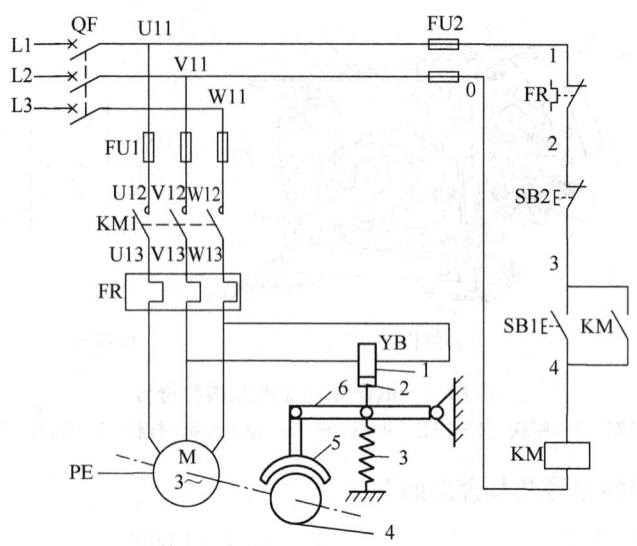

图 10-3 电磁制动器断电制动控制电路
1—线圈 2—衔铁 3—弹簧 4—闸轮 5—闸瓦 6—杠杆

电磁制动器通电制动控制电路如图 10-4 所示。这种通电制动与上述断电制动方法稍有不同。当电动机得电运行时，电磁制动器线圈断电，闸瓦与闸轮分开，无制动作用；当电动机失电需停转时，电磁制动器的线圈得电，使闸瓦紧紧抱住闸轮制动；当电动机处于停转常态时，线圈也无电，闸瓦与闸轮分开，这样操作人员可以用手扳动主轴调整工件、对刀等。

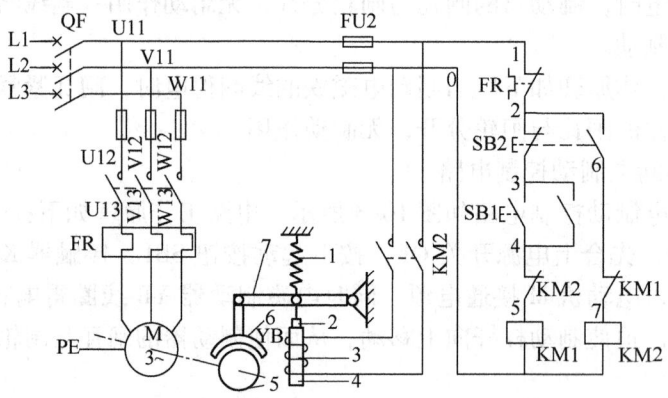

图 10-4 电磁制动器通电制动控制电路
1—弹簧 2—衔铁 3—线圈 4—铁心 5—闸轮 6—闸瓦 7—杠杆

二、安装工艺要求

1）按照电器布置图在控制板上安装电器，断路器、熔断器的受电端子应安装在控制板的外侧，并确保熔断器的受电端为底座的中心端。

2）各元器件的安装位置应整齐、匀称、间距合理，便于元器件的更换。

3）紧固各元器件时，用力要均匀，紧固程度要适当。在紧固熔断器、接触器等易碎元器件时，应该用手按住元器件一边轻轻摇动，一边用螺钉旋具轮换旋紧对角线上的螺钉，直到手摇不动时，再适当旋紧一些。

4）板前明线布线工艺要求：

① 布线通道要尽可能少，同路并行导线按主电路、控制电路分类集中、单层密排、紧贴安装板布线。

② 同一平面的导线应高低一致或前后一致，不能交叉。非交叉不可时，该导线应在接线端子引出时水平架空跨越，并且必须布线合理。

③ 布线应横平竖直，分布均匀。变换走向时应垂直转向。

④ 布线时严禁损伤线芯和导线绝缘层。

⑤ 布线顺序一般以接触器为中心，按照由里向外、由低至高、先控制电路、后主电路的顺序进行，以不妨碍后续布线为原则。

⑥ 在每根剥去绝缘层导线的两端套上编码套管。所有从一个接线端子（或接线桩）到另一个接线端子（或接线桩）的导线必须连续，中间无接头。

⑦ 导线与接线端子或接线桩连接时，不得压绝缘层、不反圈及不露铜过长。同一元器件、同一回路的不同连接点的导线间距离应保持一致。

⑧ 一个元器件接线端子上的连接导线不得多于两根，每节接线端子板上的连接导线一般只允许连接一根。

三、技术规范

1）能够按照电气原理图独立完成电路的连接并通电试运行成功。

2）在安装元器件及连接电路过程中保证元器件完好无损。

3）能够按照电动机相关标准完成对热继电器的整定。

4）正确安装熔断器的熔体。

5）整个电路不能出现诸如连接点松动、线芯裸露过长、压绝缘层、连接点反圈（或未半圈）等现象。

6）保证导线线芯的良好及保护导线的绝缘层。

7）保证完成施工后接地线的安装。

8）三条及多条导线的连接点、交叉处要处理完好。

9）保证工艺水平及布线合理性。主要是指横平、竖直以及是否架空（主电路可以架空，控制电路不能架空），交叉尽量少，整齐美观等。

四、安全要求

按电路图或接线图从电源端开始，逐段核对接线及接线端子处线号是否正确、有无漏接或错接之处。检查导线连接点是否符合要求、压线是否牢固。同时注意连接点接触应良好，以避免带负载运行时产生闪弧现象。

用万用表检查电路的通断情况。检查时，应选用倍率适当的电阻挡，并进行校零，以防发生短路故障。

对控制电路的检查（断开主电路），可将表笔分别搭在V21、W21线端上，读数应为"∞"。按下起动按钮时，读数应为接触器线圈的直流电阻值；然后，断开控制电路，再检查主电路有无开路或短路现象，此时，可以用手动来代替接触器通电进行检查。

通电试运行工艺要求如下：

1）为保证人身安全，在通电校验时，要认真执行安全操作规程的有关规定，一人监护，一人操作。校验前，应检查与通电校验有关的电气设备是否有不安全的因素存在，一经查出应立即整改，然后方能试运行。

2）通电试运行前，必须征得老师的同意，并由指导老师接通三相电源L1、L2、L3，同时在现场监护。

3）如出现故障时，学生应独立进行检修。若需带电检查时，老师必须在现场监护。检修完毕后，如需要再次试运行，老师也应该在现场监护，并做好时间记录。

4）通电校验完毕，切断电源。

五、故障检修

利用电工工具和仪表对电路进行带电或断电测量，常用的方法有电压测量法和电阻测量法。具体操作过程可参见学习任务二"学习相关知识"中的相应内容。

分析故障原因可以从电源方面、器件方面和电路方面进行查找。

教学提示：

1）在学生施工前，老师要做规范性示范操作。

2）在学生进行施工时，老师要进行巡回指导，发现问题及时解决。

3）查找到电气设备的故障点后，要着手进行修复、试运行和记录等，然后交付使用。在此过程中应注意以下几点：

① 在找出故障点和修复故障时，应注意不要把找出的故障点作为寻找故障的终点，还必须进一步分析查明产生故障的根本原因，避免类似故障再次发生。

② 在故障的修复过程中，一般情况下应尽量做到复原。

③ 每次修复故障后，应及时总结经验，并做好维修记录，作为档案以备日后维修时参考。

> 注意：电气故障检修的一般步骤和方法，详细内容见学习任务二和学习任务三电气故障检修部分。

◆ 知识拓展

1. 反接制动

在如图10-5a所示的电路中，当QS向上合闸时，电动机定子绕组电源电压相序为L1-L2-L3，电动机将沿旋转磁场方向（如图10-5b中顺时针方向），以$n<n_1$的转速正常运行。

当电动机需要停转时，拉下开关QS，使电动机脱离电源（此时转子由于惯性仍按原方向旋转）。随后，将开关QS迅速向下合闸，由于L_1、L_2两相电源线对调，电动机定子绕组电源电压相序变为L_2-L_1-L_3，旋转磁场反转（如图10-5b中的逆时针方向），此时转子将以n_1+n的相对转速沿原转动方向切割旋转磁场，在转子绕组中产生感应电流，用右手定则判断出其方向如图 10-5b 所示。而转子绕组一旦产生电流，又受到旋转磁场的作用，产生电磁转矩，其方向可用左手定则判断出来，如图 10-5b 所示。可见，此转矩方向与电动机的转动方向相反，电动机制动迅速停转。

由此可见，反接制动是依靠改变电动机定子绕组的电源相序来产生制动力矩，迫使电动机迅速停转的。

> 注意：当电动机转速接近零值时，应立即切断电动机电源，否则电动机将反转。为此，在反接制动设施中，为保证电动机的转速被制动到接近零值时，能迅速切断电源，防止反向起动，常利用速度继电器来及时切断电源。

2. 速度继电器

速度继电器是反映转速和转向的继电器，其主要作用是以旋转速度的快慢为指令信号，与接触器配合实现对电动机的反接制动控制，因此也称为反接制动继电器。

机床控制电路中常用的是 JY1 型和 JFZ0 型速度继电器。图 10-6 所示为 JY1 型速度继电器的外形。

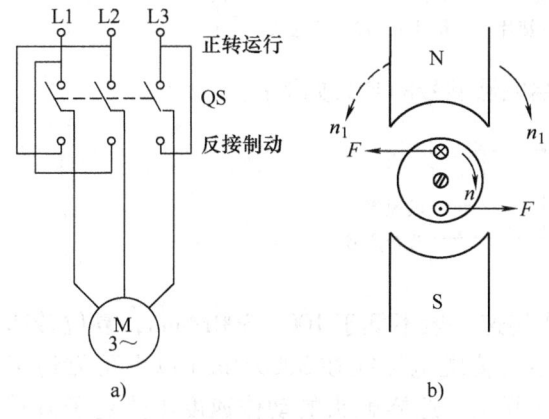

图 10-5 反接制动原理

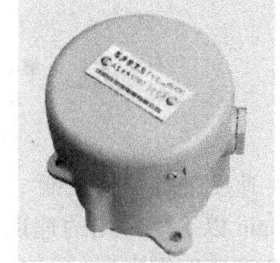

图 10-6 JY1 型速度继电器的外形

它是利用电磁感应原理工作的感应式速度继电器，具有结构简单、工作可靠、价格低廉等特点，广泛应用于生产机械运动部件的速度控制和反接控制快速停车。如车床主轴、铣床主轴等。下面以 JY1 型速度继电器为例，介绍一下速度继电器的结构、原理和型号等知识。

（1）速度继电器的结构和原理

1）结构：如图 10-7a 所示，它主要由定子、转子、可动支架、触头及端盖组成。转子由永久磁铁制成，固定在转轴上；定子由硅钢片叠成并装有笼型短路绕组，能作小范围偏转；触头有两组，一组在转子正转时动作，另一组在反转时动作。

2）原理：如图 10-7b 所示，使用时，速度继电器的转轴 6 与电动机的转轴连接在一起。当电动机旋转时，速度继电器的转子 7 随之旋转，在空间产生旋转磁场，旋转磁场在定子绕组 9 上产生感应电动势及感应电流，感应电流又与旋转磁场相互作用而产生电磁转矩，使定子 8 以及与之相连的胶木摆杆 10 偏转。当定子偏转到一定角度时，胶木摆杆推动簧片 11，使继电器触头动作；当转子转速减小到接近零时，由于定子的电磁转矩减小，胶木摆杆恢复原状态，触头也随即复位。

速度继电器在电路图中的符号如图10-7c所示。

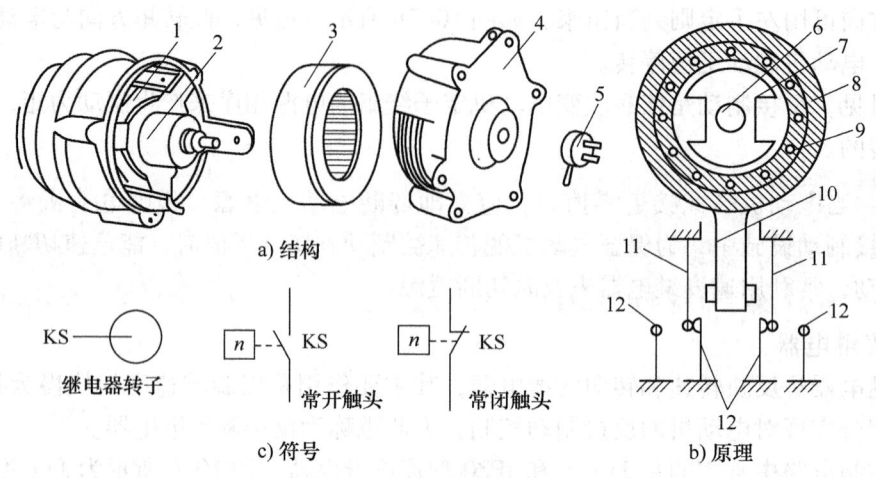

图 10-7　JY1 型速度继电器

1—可动支架　2—转子　3—定子　4—端盖　5—连接头　6—转轴　7—转子（永久磁铁）　8—定子
9—定子绕组　10—胶木摆杆　11—簧片（动触头）　12—静触头

（2）速度继电器的型号含义　JFZ0 型速度继电器型号的含义如下：

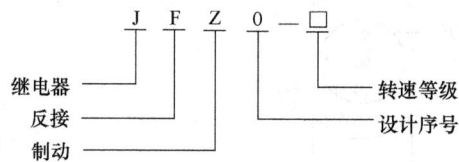

（3）速度继电器的性能　速度继电器的动作转速一般不低于 100~300r/min，复位转速在 100r/min 以下。常用的速度继电器中，JY1 型速度继电器能在 3000r/min 以下可靠地工作。JFZ0 型速度继电器的两组触头改用两个微动开关，这样触头的动作速度不受定子偏转速度的影响，额定工作转速有 300~1000r/min（JFZ0-1 型）和 1000~3600r/min（JFZ0-2 型）两种。

JY1 型和 JFZ0 型速度继电器的技术数据见表 10-1。

表 10-1　JY1 型和 JFZ0 型速度继电器的技术数据

型　号	触头额定电压/V	触头额定电流/A	触头对数		额定工作转速/(r/min)	允许操作频率/(次/h)
			正转动作	反转动作		
JY1	380	2	1 组转换触头	1 组转换触头	100~3000	<30
JFZ0-1			1 常开、1 常闭	1 常开、1 常闭	300~1000	
JFZ0-2			1 常开、1 常闭	1 常开、1 常闭	1000~3600	

3. 单向起动反接制动控制电路

电路的主电路和正反转控制电路的主电路相同，只是在反接制动时增加了三个限流电阻 R。电路中 KM1 为正转运行接触器，KM2 为反接制动接触器，KS 为速度继电器，其轴与电动机轴相连（图 10-8 中用单点划线表示）。

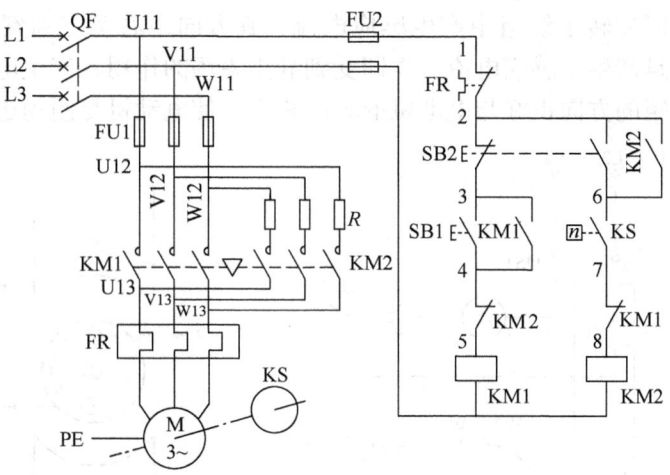

图 10-8　单向起动反接制动控制电路

电路的工作原理如下：

(1) 单向起动

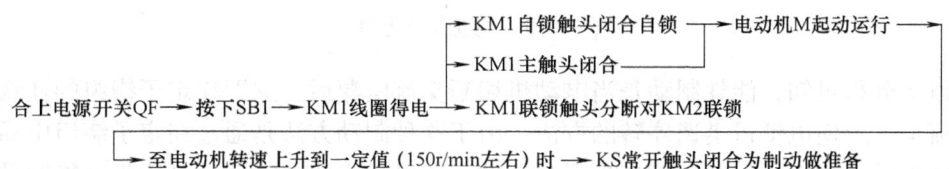

(2) 反接制动

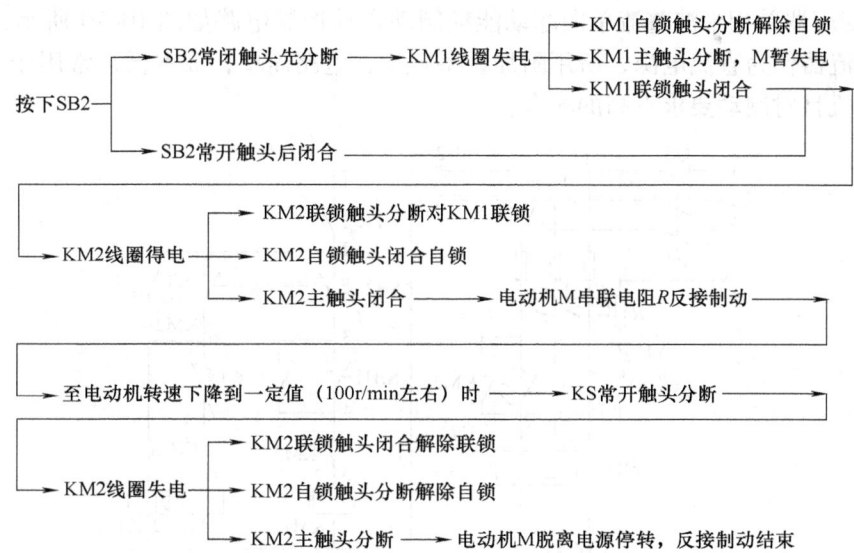

4. 能耗制动

(1) 能耗制动原理　在图 10-9a 所示的电路中，断开电源开关 QS1，切断电动机的交流电源后，这时转子仍沿原方向惯性运行；随后立即合上开关 QS2，并将 QS1 向下合闸，电动机 V、W 两相定子绕组通入直流电，定子中产生一个恒定的静止磁场，这样作惯性运转的

143

转子因切割磁力线而在转子绕组中产生感应电流，其方向用右手定则判断出如图10-9b所示。转子绕组中一旦产生了感应电流，立即受到静止磁场的作用，产生电磁转矩，用左手定则判断可知，此转矩的方向正好与电动机的转向相反，使电动机受制动迅速停转。

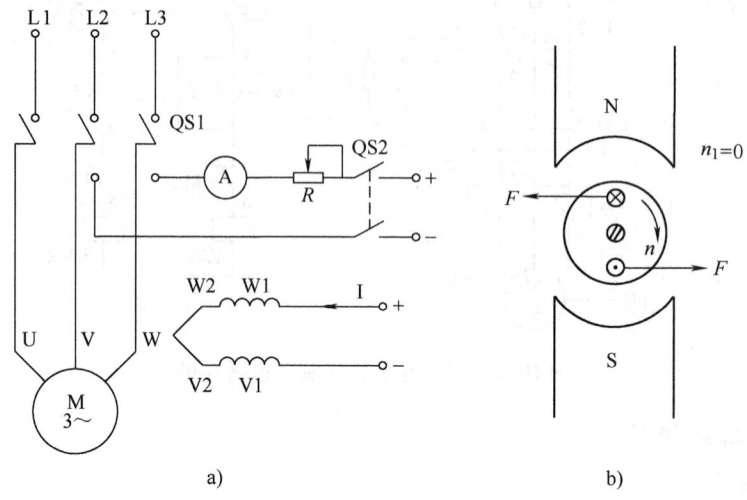

图10-9 能耗制动原理

由以上分析可知，能耗制动是当电动机切断交流电源后，立即在定子绕组的任意两相中通入直流电，迫使电动机迅速停转的方法。由于这种制动方法是通过在定子绕组中通入直流电，以消耗转子惯性运行的动能来进行制动的，所以称为能耗制动，又称为动能制动。

（2）单向起动能耗制动自动控制电路

1）无变压器单相半波整流单向起动能耗制动自动控制电路如图10-10所示，电路采用单相半波整流器作为直流电源，所用附加设备较少，电路简单，成本低，常用于10kW以下小功率电动机且对制动要求不高的场合。

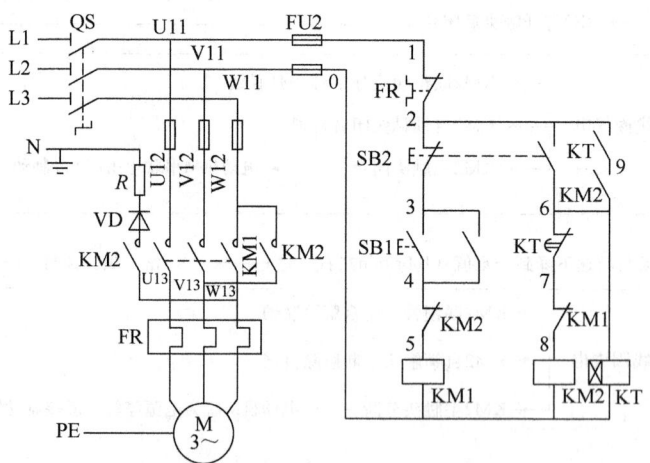

图10-10 无变压器单相半波整流单向起动能耗制动自动控制电路

图10-10中KT瞬时闭合常开触头的作用是：当KT出现线圈断线或机械卡住等故障时，按下SB2后能使电动机制动后脱离直流电源。

2)有变压器单相桥式整流单向起动能耗制动自动控制电路,如图10-11所示。

对于10kW以上功率的电动机多采用这种电路。其中直流电源由单相桥式整流器VC供给,TC是整流变压器,电阻R是用来调节直流电流的,从而调节制动强度,整流变压器一次侧与整流器的直流侧同时进行切换,有利于提高触头的使用寿命。

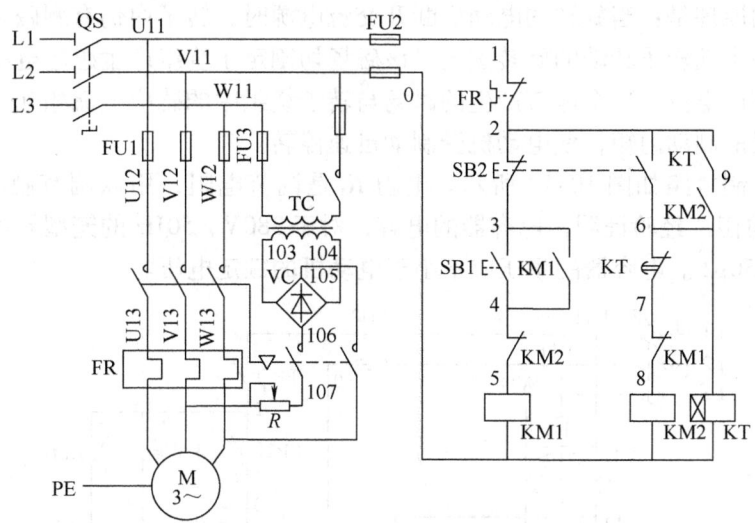

图10-11 有变压器单相桥式整流单向起动能耗制动自动控制电路

能耗制动的优点是制动准确、平稳,且能量消耗较小;缺点是需要附加直流电源装置,设备费用较高,制动力较弱,在低速时制动力矩小。因此,能耗制动一般用于要求制动准确、平稳的场合,如磨床、立式铣床等的控制电路中。

(3)能耗制动所需直流电源的估算 一般用以下方法进行估算,其估算步骤如下(以常用的单相桥式整流电路为例):

1)首先测量出电动机三根进线中任意两根之间的电阻 $R(\Omega)$。

2)然后测量出电动机的进线空载电流 $I_0(A)$。

3)计算能耗制动所需的直流电流 $I_L(A) = KI_0$,和直流电压 $U_L(V) = I_L R$。其中 K 是系数,一般取 3.5~4。若考虑到电动机定子绕组的发热情况,并使电动机达到比较满意的制动效果,对转速高、惯性大的传动装置可取其上限。

4)计算单相桥式整流电源变压器二次绕组电压和电流有效值,即

$$U_2 = \frac{U_L}{0.9}$$

$$I_2 = \frac{I_L}{0.9}$$

5)计算变压器容量 S,即

$$S = U_2 I_2$$

6)确定变压器实际容量 S'。如果制动不频繁,可取变压器实际容量为

$$S' = \left(\frac{1}{3} \sim \frac{1}{4}\right)S$$

7)选择制动电阻。可调电阻 $R \approx 2\Omega$,电阻功率 $P_R(W) = I_L^2 R$,实际选择时,电阻功率

也可以小些。

5. 电容制动

当电动机切断交流电源后，立即在电动机定子绕组的出线端接入电容器来迫使电动机迅速停转的方法叫做电容制动。

电容制动的原理是：当旋转的电动机断开交流电源时，转子内仍有剩磁。随着转子的惯性转动，形成一个随转子转动的旋转磁场。该磁场切割定子绕组产生感应电动势，并通过电容器回路形成感应电流，这个电流产生的磁场与转子绕组中的感应电流相互作用，产生一个与旋转方向相反的制动力矩，使电动机受制动迅速停转。

电容制动控制电路如图 10-12 所示。电阻 R_1 是调节电阻，用以调节制动力矩的大小，电阻 R_2 为放电电阻。经验证明，电容器的电容，对于 380V、50Hz 的笼型异步电动机，每千瓦每相约需要 150μF。电容器的耐压应不小于电动机的额定电压。

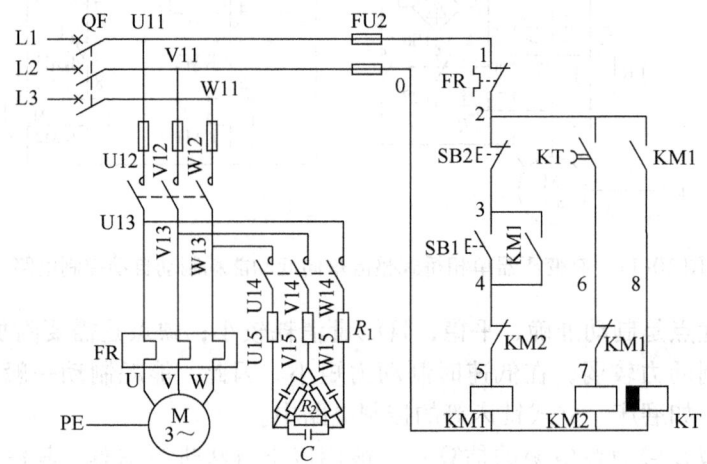

图 10-12 电容制动控制电路

实验证明，对于 5.5kW、△联结的三相异步电动机，无电容制动停车时间为 22s，采用电容制动后其停车时间仅需 1s。对于 5.5kW、Y联结的三相异步电动机，无电容制动停车时间为 36s，采用电容制动后其停车时间仅为 2s。所以电容制动是一种制动迅速、能量损耗小、设备简单的制动方法，一般用于 10kW 以下的小功率电动机，特别适用于存在机械摩擦和阻尼的生产机械和需要多台电动机同时制动的场合。

6. 再生发电制动（又称为回馈制动）

再生发电制动主要用在起重机械和多速异步电动机上。下面以起重机械为例说明其制动原理。

当起重机在高处开始下放重物时，电动机转速 n 小于同步转速 n_1，这时电动机处于电动运行状态，其转子电流和电磁转矩的方向如图 10-13a 所示。但由于重力的作用，在重物的下放过程中，会使电动机的转速 n 大于同步转速 n_1，这时电动机处于发电运行状态，转子相对于旋转磁场切割磁力线的运动方向发生了改变（沿顺时针方向），其转子电流和电磁转矩的方向都与电动运行时相反，如图 10-13b 所示。由此可见，电磁力矩变为制动力矩限制了重物的下降速度，保证了设备和人身安全。

对多速电动机变速时，如果电动机由 2 极变为 4 极，定子旋转磁场的同步转速 n_1 由

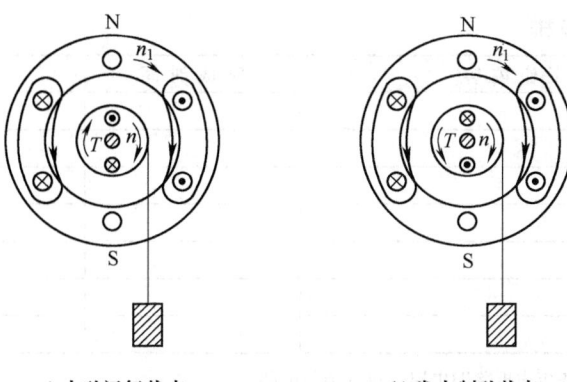

a) 电动运行状态　　　　b) 发电制动状态

图 10-13　再生发电制动原理

3000r/min 变为 1500r/min，而转子由于惯性仍以原来的转速 n（接近 3000r/min）旋转，此时 $n > n_1$，电动机处于发电制动状态。

再生发电制动是一种比较经济的制动方法，制动时不需要改变电路即可从电动运行状态自动地转入发电制动状态，把机械能转换成电能，再回馈到电网，节能效果显著；缺点是应用范围较窄，仅当电动机转速大于同步转速时才能实现发电制动。因此，这种制动方式常用于在位能负载作用下的起重机械和多速异步电动机由高速转为低速时的情况。

学习活动三　制订工作计划

根据任务要求，结合现场勘查掌握的实际情况及任务实施的基本步骤，制订小组工作计划，并对小组成员进行分工。

（一）小组成员分工表

姓　名	分　工

（二）工具、材料清单

序　号	名　称	型号规格	单　位	数　量

（三）工序及工期安排

序　号	工作内容	完成时间	备　注

注：根据任务要求，此任务应先拆除旧电路，再安装新电路。

（四）安全防护措施

1）电源管理，如果维修时间较长，必须将设备与电源隔离，电源开关断开后，粘贴三角形红色提醒标志。

2）接地保护，将机床外壳与接地线连接或重复接地。

学习活动四　任务实施

施工步骤、板前明线布线工艺要求、自检提示、通电试运行提示，可参照学习任务一中的相关内容。

◆ **故障检查修复记录**

检修步骤	过程记录
观察到的故障现象	
分析故障现象原因	
确定故障范围，找到故障点	
排除故障	

◆ **项目验收**

1. 项目验收表

<u>　　　　　　　　</u>公司维修工作任务联系单

报修部门		报修时间		年　月　日　时
设备名称		设备型号/编号		/
报修人		联系电话		
维修部门负责人		联系电话		
质量评价				
验收意见				
验收人		日期		年　月　日
维修人		日期		年　月　日

2. 评分表

评价内容		分值	评分		
			自评	组评	师评
元器件定位安装	安装方法与步骤均正确，符合工艺要求				
	元器件安装美观、整洁				
布线	按电路图正确接线				
	布线方法与步骤均正确，符合工艺要求				
	布线横平、竖直、整洁有序，接线整洁美观				
	接点牢固、接头露铜长度适中、无反圈、压绝缘层、标记不清楚、标记号遗漏或误标等问题				
	施工中导线绝缘层或线芯无损伤				
通电试车	正常运行无故障				
	出现故障正常排除				
安全文明生产	遵守安全文明生产规程				
	施工完成后认真清理现场				
施工额定用时：	实际用时： 超时扣分：				
	合计				

学习活动五　总结评价

◆ **综合评价表**

评价项目	评价内容	评价标准	评价主体		
			自我	同学	教师
职业素养	安全意识责任意识	A. 作风严谨、自觉遵守纪律、出色完成工作任务 B. 能够遵守规章制度，较好完成工作任务 C. 遵守规章制度，没完成工作任务 D. 不遵守规章制度，没完成工作任务			
	学习态度	A. 积极参与学习活动，全勤 B. 缺勤达到任务总学时的10% C. 缺勤达到任务总学时的20% D. 缺勤达到任务总学时的30%			
	团队合作	A. 与同学协作融洽，团队合作意识强 B. 与同学能沟通，协同工作能力较强 C. 与同学能沟通，协同工作能力一般 D. 与同学沟通困难，协同工作能力较差			

（续）

评价项目	评价内容	评价标准	评价主体		
			自我	同学	教师
专业能力	学习活动1 明确工作任务	A. 学习活动评价成绩为 90~100 分 B. 学习活动评价成绩为 75~89 分 C. 学习活动评价成绩为 60~74 分 D. 学习活动评价成绩为 0~59 分			
	学习活动2 相关知识学习	A. 学习活动评价成绩为 90~100 分 B. 学习活动评价成绩为 75~89 分 C. 学习活动评价成绩为 60~74 分 D. 学习活动评价成绩为 0~59 分			
	学习活动3 制订计划	A. 学习活动评价成绩为 90~100 分 B. 学习活动评价成绩为 75~89 分 C. 学习活动评价成绩为 60~74 分 D. 学习活动评价成绩为 0~59 分			
	学习活动4 任务实施	A. 学习活动评价成绩为 90~100 分 B. 学习活动评价成绩为 75~89 分 C. 学习活动评价成绩为 60~74 分 D. 学习活动评价成绩为 0~59 分			
创新能力		学习过程中提出具有创新性、可行性的建议	加分		
班级		姓名	综合评价等级		

课后思考

1. 制动控制分为哪几类？分别是什么？
2. 电力制动分为哪几种？分别是什么？
3. 分析图 10-3 所示断电电磁制动控制电路的工作原理。

学习任务十一

单相异步电动机正反转控制电路安装与检修

学习目标：

1. 能通过阅读工作任务联系单和现场勘察，明确任务要求。
2. 能掌握单相异步电动机起动工作原理和调速原理。
3. 能掌握单相异步电动机正反转工作原理。
4. 能识别和选择元器件，按图样、工艺要求、安全规程等要求，安装元器件，连接电路。
5. 能用仪表检测电路安装的正确性，按照安全操作规程正确通电试运行，然后按照要求清理施工现场，标注控制功能的铭牌标签。

工作情景描述：

洗衣机是靠单相异步电动机作为动力源的，而且单相异步电动机已经广泛应用于农业生产、办公场所、家用电器等诸多方面。本次任务就是学习安装单相异步电动机正反转控制电路。

学习活动一　明确工作任务

＿＿＿＿＿＿公司维修工作任务联系单

报修部门		报修时间	年　月　日　时
设备名称		设备型号/编号	/
报修人		联系电话	
故障现象			
故障排除记录			
解决方法			
维修时间		计划工时	
维修人		日期	年　月　日　时

阅读工作任务联系单，查阅单相异步电动机的相关资料，回答下列问题：
1）单相异步电动机与三相异步电动机的结构有何异同？
2）三相电动机定子有三相绕组，单相电动机有多少个绕组？
3）单相异步电动机运行时都需要哪些电气保护？如何实现的？
4）单相异步电动机正反转控制电路常见故障原因有哪些？在施工中如何避免？

学习活动二 学习相关知识

为了能顺利完成此项工作任务，学习与完成任务相关的知识，并回答以下问题。

◆ **引导问题**

1）单相异步电动机的分类有哪些？分别都是怎样起动的？
2）单相异步电动机在起动上与三相异步电动机有什么区别？其特点是什么？
3）单相异步电动机实现反转有哪些方法？都需要什么条件？与三相异步电动机有什么区别？
4）单相异步电动机正反转控制电路的工作原理是什么？

◆ **咨询资料**

一、常见单相交流电动机

常见单相交流电动机主要有单相电阻起动异步电动机、单相电容起动异步电动机和单相罩极式异步电动机。单相异步电动机有两套定子绕组，这是与三相异步电动机的主要区别，其中一套定子绕组负责起动，另一套负责运行。通常，负责起动的起动绕组匝数较少、导线较细，而负责运行的运行绕组匝数较多、导线较粗。

要使单相电动机能自动旋转起来，可以在定子中加上一个起动绕组，起动绕组与主绕组在空间上相差90°。如图11-1所示，起动绕组串联一个合适的电容，使其与主绕组的电流在相位上近似相差90°，即所谓的分相原理。这样两个在时间上相差90°的电流通入两个在空间上相差90°的绕组，将会在空间上产生（两相）旋转磁场，如图11-2a所示。在这个旋转磁场的作用下，转子就能自行起动，起动后，待转速升到一定数值时，借助于一个安装在转子上的离心开关或其他自动控制装置将起动绕组断开，正常工作时只有主绕组工作。因此，起动绕组可以做成短时工作方式。但有很多时候，起动绕组并不断开，我们称这种电动机为电容式单相电动机。

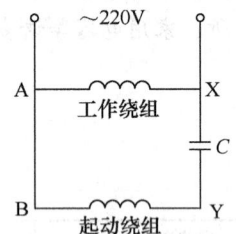

图11-1 单相交流电动机的分相原理

1. 单相电阻起动异步电动机

单相电阻起动异步电动机的工作原理如图11-3所示。其特点是电动机的工作绕组U1U2的匝数较多，导线较粗，因此绕组的感抗远大于直流电阻，可近似地看作流过工作绕组的电流滞后电源电压约90°。而起动绕组Z1Z2的匝数较少，导线较细，又与起

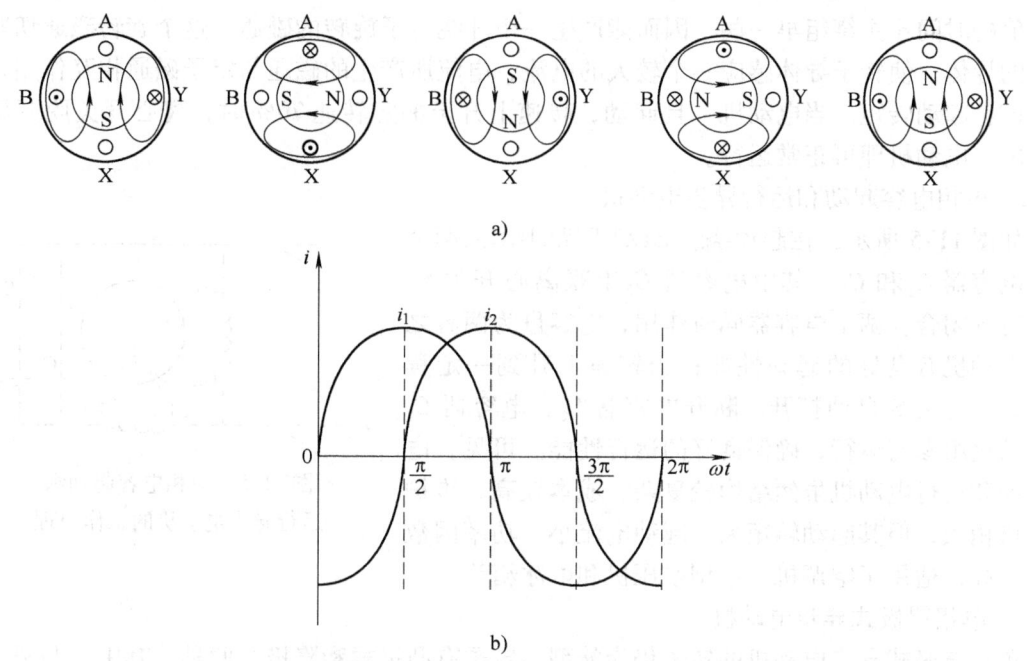

图 11-2 单相交流电动机的旋转磁场

动电阻 R 串联,使该支路的总电阻远大于感抗,可近似认为电流与电源电压同相位。因此,可以看成工作绕组中的电流与起动绕组的电流两者相位差近似 90°,从而在定子与转子及空气隙中产生旋转磁场,使转子产生转矩而转动。当转速达到额定值的 80% 左右时,离心开关 S 动作,把起动绕组从电源上切除。电阻起动异步电动机在电冰箱压缩机中得到了广泛的采用。

2. 单相电容起动异步电动机

在电容运行异步电动机的起动绕组中串联一个离心开关 S,就构成单相电容起动异步电动机,如图 11-3 所示。当电动机转子静止或转速较低时,离心开关的两组触头在弹簧力作用下处于接通状态,即图 11-4 中的 S 闭合,起动绕组与工作绕组一起接在单相电源上,电动机开始转动;当电动机转速达到一定数值后,离心开关中的重球产生的离心力大于弹簧的弹力,则重球带动触头向右移动,使离心开关 S 断开,将起动绕组从电源上切除。

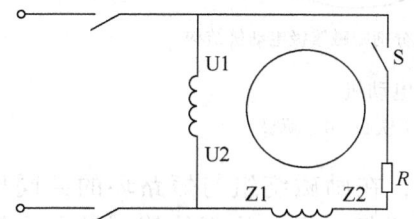

图 11-3 单相电阻起动异步电动机的工作原理

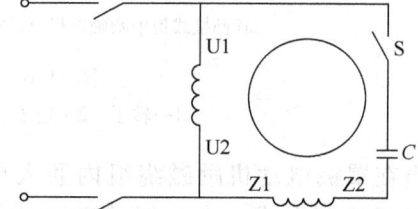

图 11-4 单相电容起动异步电动机的工作原理

分相式电动机广泛应用于电冰箱、洗衣机、空调等家用电器中。该电动机有一个笼型转子和主、副两个定子绕组。两个绕组相差一个很大的相位角,使副绕组中的电流和磁通达到最大值的时间比主绕组早一些，因而能产生一个环绕定子旋转的磁通。这个旋转磁通切割转子上的导体，使转子导体感应一个较大的电流，电流所产生的磁通与定子磁通相互作用，转子便产生起动转矩。当电动机一旦起动，转速上升至额定转速 70% 时，离心开关脱开副绕组断电，电动机即可正常运行。

3. 单相电容起动和运行异步电动机

如图 11-5 所示，在起动绕组 Z1Z2 回路中串入两个并联电容器 C_1 和 C_2，其中电容器 C_2 串联离心开关 S，起动时 S 闭合，两个电容器同时作用，电容量为两者之和，电动机有良好的起动性能；当转速上升到一定程度，离心开关 S 自动打开，断开电容器 C_2，电容器 C_1 与起动绕组参与运行，确保良好的运行性能。可见，电容起动和运行电动机虽然结构较复杂、成本较高、维护工作量稍大，但其起动转矩大、起动电流小、功率因数和效率高，适用于空调机、小型空压机和电冰箱等。

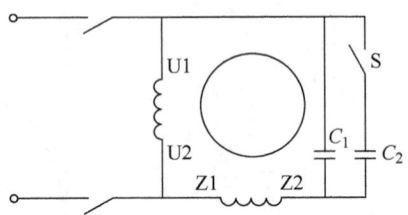

图 11-5 单相电容起动和运行异步电动机的工作原理

4. 单相罩极式异步电动机

单相罩极式异步电动机的转子仍为笼型，定子有凸极式和隐极式两种。其中，凸极式结构最常见。凸极式转子按励磁绕组布置的位置不同，可分为集中励磁和分别励磁两种，它们的结构分别如图 11-6a 和图 11-6b 所示。凸极式转子分别励磁结构一般有两极和四极两种。在每个磁极极面的 1/4 ~ 1/3 处开有小槽，在较小部分的极面上套有铜制的短路环，就好像把这部分磁极罩起来一样，所以称为罩极式电动机。励磁绕组用具有绝缘层的铜线绕成，套装在磁极上。对分别励磁的电动机，必须正确连接以使其产生的磁极极性按 N，S，N，S 的顺序排列。

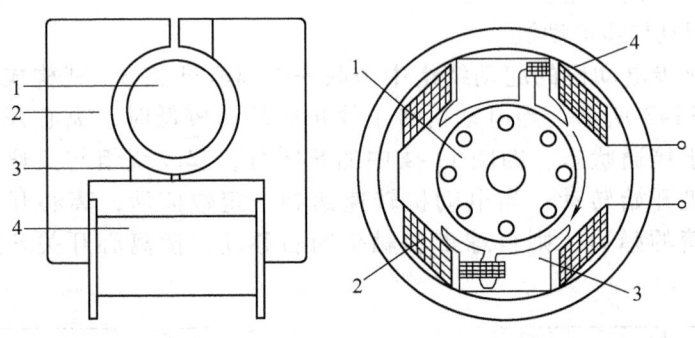

a) 凸极式集中励磁罩极电动机结构　　b) 凸极式分别励磁罩极电动机结构

图 11-6 单相罩极式异步电动机
1—转子　2—定子绕组　3—凸极式定子铁心　4—罩极

当在罩极电动机励磁绕组内通入单相交流电时，在励磁绕组与短路环的共同作用下，磁极之间形成一个连续移动的磁场，好像旋转磁场一样，从而使笼型转子受转矩作用而转动。当流过励磁绕组中的电流由"0"开始增大时，由电流产生的磁通也随之增大，但在铜环罩住的一部分磁极中，根据楞次定律，变化的磁通将在铜环中产生感应电动势和感应电流，力图阻止原磁通的增加，从而使被罩磁极中的磁通较疏，未罩

学习活动三 制订工作计划

根据任务要求，结合现场勘查掌握的实际情况及任务实施的基本步骤，制订小组工作计划，并对小组成员进行分工。

（一）小组成员分工表

姓　　名	分　　工

（二）工具、材料清单

序　号	名　　称	型号规格	单　位	数　量

（三）工序及工期安排

序　号	工作内容	完成时间	备　注

注：根据任务要求，此任务应先拆除旧电路，再安装新电路。

（四）安全防护措施

1）电源管理，如果维修时间较长，必须将设备与电源隔离，电源开关断开后，粘贴三角形红色提醒标志。

2）接地保护，将机床外壳与接地线连接或重复接地。

学习活动四 任务实施

施工步骤、板前明线布线工艺要求、自检提示、通电试运行提示，可参照学习任务一中的相关内容。

◆ 故障检查修复记录

检修步骤	过程记录
观察到的故障现象	
分析故障现象原因	
确定故障范围，找到故障点	
排除故障	

◆ 项目验收

1. 项目验收表

_____公司维修工作任务联系单

报修部门		报修时间	年 月 日 时
设备名称		设备型号/编号	/
报修人		联系电话	
维修部门负责人		联系电话	
质量评价			
验收意见			
验收人		日期	年 月 日
维修人		日期	年 月 日

2. 评分表

评价内容		分值	评分		
			自评	组评	师评
元器件定位安装	安装方法与步骤均正确，符合工艺要求				
	元器件安装美观、整洁				
布线	按电路图正确接线				
	布线方法与步骤均正确，符合工艺要求				
	布线横平、竖直、整洁有序，接线整洁美观				
	接点牢固、接头露铜长度适中，无反圈、压绝缘层、标记不清楚、标记号遗漏或误标等问题				
	施工中导线绝缘层或线芯无损伤				
通电试运行	正常运行无故障				
	出现故障正常排除				
安全文明生产	遵守安全文明生产规程				
	施工完成后认真清理现场				
施工额定用时： 实际用时： 超时扣分：					
合计					

学习活动五　总结评价

◆ **综合评价表**

评价项目	评价内容	评价标准	评价主体		
			自我	同学	教师
职业素养	安全意识 责任意识	A. 作风严谨、自觉遵守纪律、出色完成工作任务 B. 能够遵守规章制度，较好完成工作任务 C. 遵守规章制度，没完成工作任务 D. 不遵守规章制度，没完成工作任务			
	学习态度	A. 积极参与学习活动，全勤 B. 缺勤达到任务总学时的10% C. 缺勤达到任务总学时的20% D. 缺勤达到任务总学时的30%			
	团队合作	A. 与同学协作融洽，团队合作意识强 B. 与同学能沟通，协同工作能力较强 C. 与同学能沟通，协同工作能力一般 D. 与同学沟通困难，协同工作能力较差			
专业能力	学习活动1 明确工作任务	A. 学习活动评价成绩为 90~100 分 B. 学习活动评价成绩为 75~89 分 C. 学习活动评价成绩为 60~74 分 D. 学习活动评价成绩为 0~59 分			
	学习活动2 相关知识学习	A. 学习活动评价成绩为 90~100 分 B. 学习活动评价成绩为 75~89 分 C. 学习活动评价成绩为 60~74 分 D. 学习活动评价成绩为 0~59 分			
	学习活动3 制订计划	A. 学习活动评价成绩为 90~100 分 B. 学习活动评价成绩为 75~89 分 C. 学习活动评价成绩为 60~74 分 D. 学习活动评价成绩为 0~59 分			
	学习活动4 任务实施	A. 学习活动评价成绩为 90~100 分 B. 学习活动评价成绩为 75~89 分 C. 学习活动评价成绩为 60~74 分 D. 学习活动评价成绩为 0~59 分			
创新能力		学习过程中提出具有创新性、可行性的建议	加分		
班级		姓名		综合评价等级	

课后思考

一、填空题

1. 如果在单相异步电动机的定子铁心上仅嵌有一个绕组，那么通入单相正弦交流电时，电动机气隙中会产生_____磁场，该磁场是没有_____的，但起动后电动机就有转矩而且转矩的方向决定于_____。

2. 为解决单相异步电动机的起动问题，通常单相异步电动机定子上安装两套绕组，一套是_____，又称为主绕组；另一套是_____，又称为副绕组。它们在空间位置上相差____电角度。

3. 单相电容起动电动机在转子静止或转速较低时，起动开关处于____位置，起动绕组和工作绕组一起接在单相电源上，获得_____。当电动机转速达到_____时，起动开关_____，起动绕组从电源上切除。

4. 电容电容起动和运行式单相异步电动机的两个电容器中功率较大的是_____。两只电容____联后与起动绕组____联。

5. 凸极式单相罩极异步电动机定子铁心通常用_____叠成，每极在_____处开个小槽，在较小的部分极面上套有_____。当励磁绕组通入_____时，磁极之间形成一个____磁场而使电动机获得起动转矩。

6. 要使单相电容起动异步电动机反转时，可把工作绕组或起动绕组中任意一组的__对调过来即可。

7. 洗衣机拖动电动机的反转是由定时器开关改变电容接法，使_____对调，实现正、反转交替运行的。

8. 单相异步电动机串联电抗器调速方法简单、操作方便，但只能_____调速，且电抗器上有_____。

二、问答题

1. 气隙磁场为脉动磁场的单相异步电动机为什么不能自行起动？如何才能使该电动机转动？
2. 单相异步电动机产生旋转磁场的条件是什么？
3. 说明单相电容运行异步电动机的起动原理。

教师服务信息表

尊敬的老师：

您好！感谢您多年来对机械工业出版社的支持和厚爱！为了进一步提高我社教材的出版质量，更好地为职业教育的发展服务，欢迎您对我社的教材多提宝贵意见和建议。另外，如果您在教学中选用了《电力拖动控制线路安装与检修》（孙同波　主编）一书，我们将为您免费提供与本书配套的电子课件。

一、基本信息

姓　名：_____　性别：_____　职称：_____　职务：_____
学　校：_____　系部：_____
地　址：_____　邮编：_____
任教课程：_____　电话：_____（O）　手机：_____
电子邮件：_____　qq：_____　msn：_____

二、您对本书的意见及建议
　　　　（欢迎您指出本书的疏误之处）

三、您近期的著书计划

请与我们联系：
100037　机械工业出版社·技能教育分社　陈玉芝　收
Tel：010-88379079
Fax：010-68329397
E-mail：cyztian@gmail.com 或 cyztian@126.com